KB124965

미래를 바꾸는 탄소 농업

지속 가능한 환경 재생형 농업

허북구 지음

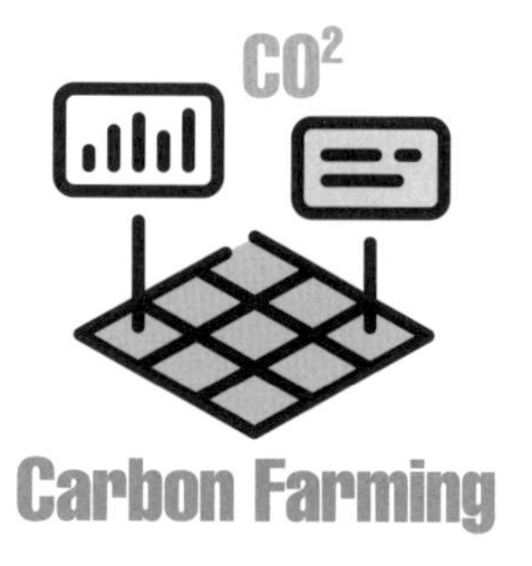

중앙생활사

들어가는 글

농업은 자연 의존도가 높다. 식물을 심고 가꾸며 가축을 사육하는 농업은, 공장에서 매연을 내뿜고 화학약품이 포함된 폐수를 배출하는 산업과는 달리 서정적인 풍경과 이미지를 갖고 있다. 하지만 공해 발생이 적고 자연 친화적일 것이라는 이미지의 농업은 지구온난화의 원인 물질인 온실가스의 주요 배출원으로 전 세계 온실가스의 3분의 1 정도를 배출하고 있다.

농업은 이렇듯 온실가스의 주요 배출원임에도 불구하고 식량 공급의 역할이 우선되어 왔기에 그동안은 온난화 대책에의 공헌이 강하게 요구되지는 않았다. 그런데 온실가스 등에 의한 기후변동이 심해지면서 우선적으로 농업이 타격을 받고 있다.

지속 가능한 식량 생산과 공급 자체에도 우려가 발생하고 있는 등 온실가스 배출 감축이 인류의 생존과 연계되고 세계적으로도 온실가스 배출 감축의 필요성에 대한 목소리가 높아지고 있다. 이러한 환경 변화에 따라 농업은 농산물의 생산성뿐만 아니라 유통과 판매에 이르기까지 온실가스 배출 감축, 지속 가능

한 농업, 환경 문제 및 윤리적인 문제를 외면할 수 없게 되었다.

농업을 둘러싼 온실가스 배출, 지속 가능한 사회, 윤리적인 소비 등의 환경 변화는 그동안 환경의 희생을 전제로 한 생산성과 기술 위주의 농업과는 다른 시각과 접근법이 요구되고 있다. 동시에 농업이라는 기존의 틀을 허물고 환경과 미래를 위해 다시 짜야 하는 등의 변화를 요구받고 있으나 관련 자료는 많지 않은 것이 현실이다.

저자는 이러한 환경 변화에 대응하는 데 도움이 되었으면 하는 바람에서 농업과 관련된 온실가스, 탄소 농업, 지속 가능한 농업, 농산물의 윤리적인 생산과 소비에 관해 전남인터넷신문에 칼럼을 연재해 왔다.

그 칼럼을 보신 독자분들이 단행본으로 만들어 쉽게 볼 수 있었으면, 하는 요청을 해주셨다. 그 요구에 부응하고자 수백 개의 칼럼 중 탄소 농업과 지속 가능한 농업에 관한 이야기를 선택한 후 정리하였다. 책의 방향은 탄소중립이라는 시대적 과제 앞에

농업의 대응 방안과 이를 능동적으로 활용할 수 있도록 하는 데 비중을 두었다.

각각의 칼럼을 단행본 체계에 맞추다 보니 일부 문장이나 통계 수치의 서술이 반복된 부분들이 있다. 이는 각각의 주제에 관한 이해력을 높이기 위한 것이므로 독자분들의 양해를 구하려 한다.

끝으로 이 책이 부족하나마 탄소 농업 및 지속 가능한 농업을 이해하고, 이러한 환경 변화를 농업에 유리하도록 활용하는 데 도움이 되었으면 한다.

집필 과정에서 도움 주신 분들, 독자 여러분 그리고 독자와 만날 수 있도록 책을 발간해 주신 중앙생활사 김용주 대표께 감사드립니다.

허북구

차례

지구온난화와 지속 가능한 농업

2장

농업에서 배출되는 온실가스

3장

온실가스와 지속 가능한 농업 관련 용어

온실가스 배출 감축과 이산화탄소의 유효 활용

저탄소 인증과 탄소 배출권 거래

바이오숯에 의한 탄소격리와 활용

저탄소 농축산물 가공과 저장

농축산물 포장과 탄소발자국

저탄소 농축산물의 유통과 윤리적 소비

지구온난화와 지속 가능한 농업

1
탄소 농업이란?

전 세계 땅의 절반이 식량 재배를 위한 농지로 사용되고 있으며, 농지는 기후변화의 원인이 되는 온실가스의 전체 배출량 중 21~37%를 생산하고 있다. 농지가 온실가스의 주요 배출원이 된 까닭은 대기보다 3배 정도 많은 이산화탄소를 저장하고 있는 토양이 이산화탄소를 대기 중으로 꾸준히 내보내고 있기 때문이다. 게다가 자연의 순환을 무시한 농법과 고밀도 입식의 가축 사육 방법 등으로 인한 온실가스 배출도 그 원인 중 하나로 꼽히고 있다.

대부분 산업화된 지금의 농업에서는 토양의 탄소를 대기로 내보내는 '경운 방식'이 선호될 뿐만 아니라 토양의 탄소를 점점 더 감소하게 만드는 수확 방법으로 인해 토양의 탄소 비중은 날이 갈수록 부족해져만 가는 실정이다. 농경을 위한 트랙터 사용,

한정된 공간에서 과도한 수의 가축 사육, 산림 개간, 유기합성 농약의 과대 사용 역시 온실가스 배출을 촉진하고 수원도 오염시키고 있다. 이러한 상황임에도 생산성을 더욱 높이기 위해 더 많은 기계, 더 많은 비료, 더 많은 농약의 사용으로 흙의 자정능력은 이제 한계에 이르고 있으며 온실가스 배출량도 더욱 늘어가고 있다.

축산업을 포함한 농업은 얼핏 보면 굴뚝에서 시커먼 매연을 내뿜지 않으며, 중금속과 화학약품 폐수를 강물로 흘려보내지도 않는 평화로운 풍경이지만 온실가스 배출의 3분의 1을 차지하는 산업으로 인식되어 온 지 오래다. 이제 농업은 온실가스의 주요 배출원이 된 것이다.

농업과 농촌은 평화로운 풍경이지만 온실가스 배출의 3분의 1을 차지하는 산업이다.

광합성은 식물이 가진 기본적인 특성이다. 식물은 광합성을 통해 태양에너지와 공기 중의 이산화탄소, 토양의 물, 미네랄과 결합하여 탄수화물을 만들어 낸다. 이렇게 만들어진 탄수화물은 식물체와 주변의 토양을 기름지게 만들며 식품, 사료, 연료, 섬유와 같은 농산물로 변환한다.

탄소는 농업뿐만 아니라 생물학적 시스템의 핵심 에너지로 중요한 자원임에는 분명하지만 지금까지의 농업에서는 광합성으로 만들어진 탄소를 탈취해 대기 중으로 배출만 했을 뿐 땅으로 되돌리는 과정은 무척이나 소홀히 한 것도 사실이다.

최근 유럽을 중심으로 이러한 농업에 대한 자성의 목소리가 커지면서 탄소 배출을 줄이고, 광합성으로 만들어진 탄소를 토양에 격리하고 저장하는 농업인 탄소 농업과 관련된 논의가 활발하게 이루어지고 있다.

탄소 농업Carbon Farming이란 대기 중의 탄소를 토양과 작물 뿌리, 나무 등에 격리해 최종적으로 탄소를 땅으로 되돌리는 것을 목표로 하는 다양한 농업 방법의 명칭이다. 탄소 농업의 목표는 대기 중 탄소의 순손실을 만들어 탄소가 토양과 식물 재료로 격리되는 속도를 높이는 것이다.

탄소 농업을 위한 방법은 다양한데 작물의 경작을 예로 들자면 식물의 식재·재배·수확 과정에서 토양의 파괴를 최소화하는 것이다. 또한 경운을 줄이거나 중단해 표토表土의 토양 탄소 농도를 증가시키는 것도 방법이다. 작물의 재배를 예로 들면 윤작輪作을 통해 생태 복원력을 높이고, 농약과 화학비료는 정밀농업과 같이 필요한 경우에만 사용해 양을 줄여나가야 한다. 작물을 수확한 뒤에는 부산물을 제거하거나 태우는 대신 경작지에 멀칭 재료를 이용해 토양의 수분 보존력을 높이고 시간이 지나면 분해되어 토양으로 되돌아갈 수 있도록 만들어야 한다.

토양 유래의 유기체는 바이오숯으로 만든 뒤 토양에 뿌려 탄소가 땅으로 되돌아가게 만든다. 이 방법은 재료에 따라 발암성 화합물로 변해 토양을 오염시킬 수도 있으나 유기체의 탄소 50%가량을 토양으로 되돌릴 수 있고, 탄소격리를 쉽게 검증할 수 있는 이점이 있다.

가축은 온실가스의 순 생산자이므로 메탄 등의 배출량이 적은 가축의 육성과 사료 급여, 토지당 사육 두수의 밀도를 낮추고, 방목지에는 수목과 다년생 식물을 늘려 심어야 한다.

탄소 농업은 위와 같이 여러 가지 농법으로 탄소 배출을 상쇄하는 것 외에 많은 이점이 있다. 황폐화된 토양을 복원하고 작물 생산력을 향상시키며, 침식과 영양분 유출을 최소화하고, 지표수와 지하수를 정화하며, 미생물 활동과 토양 생물다양성을 증가시켜 오염을 줄이는 이점 등이 있다.

결과적으로 탄소 농업은 좋은 토양을 만들고, 온실가스 배출을 줄이며, 이산화탄소를 격리해 오염은 적게 하고, 식량은 더 많이 생산할 수 있도록 만드는 것을 목표로 한다. 그래서 탄소 농업의 규모가 커지면 기후변화를 완화하는 데 크게 기여할 수 있을 것으로 기대를 모으고 있다.

2
적극적인 SDGs 부응과 활용이 요구되는 농업

농업 환경이 빠르게 변하고 있다. 변화하고 있는 농업 환경과 관련해 최근 부쩍 자주 듣게 되는 단어가 SDGs다. SDGs는 Sustainable Development Goals의 약자로 이는 '지속 가능한 개발 목표' 또는 '지속 가능한 발전 목표'라는 뜻이다.

SDGs는 2015년 유엔UN에서 193개 회원국이 합의해 채택된 의제로 2016년부터 2030년까지 시행되는 유엔과 국제사회의 최대 공동목표로 17가지 주목표와 169개 세부 목표가 있다. "아무도 뒤에 남지 않을 것"이라는 철학을 가지고 있으며, 인류의 보편적 문제(빈곤, 질병, 교육, 성평등, 난민, 분쟁 등)와 지구환경 문제(기후변화, 에너지, 환경오염, 물, 생물다양성 등), 경제사회 문제(기술, 주거, 노사, 고용, 생산 소비, 사회구조, 법, 대내외 경제 등)를 2030년까지 해결 및 이행하는 것은 국제사회 최대 공동목표다.

SDGs의 세상을 변화시키는 17가지 목표는 ① 모든 형태의 빈곤 퇴치, ② 기아 해소와 지속 가능한 농업, ③ 건강과 웰빙, ④ 양질의 교육, ⑤ 양성평등, ⑥ 물과 위생, ⑦ 에너지, ⑧ 양질의 일자리와 경제성장, ⑨ 혁신과 인프라, ⑩ 불평등 완화, ⑪ 지속 가능한 도시, ⑫ 지속 가능한 소비와 생산, ⑬ 기후변화와 대응, ⑭ 해양 생태계, ⑮ 육상 생태계, ⑯ 평화와 정의 제도, ⑰ 파트너십이다.

SDGs의 17가지 목표에는 육상뿐만 아니라 해양 생태계 문제도 포함되어 있다.

SDGs의 이와 같은 목표는 농업과 떼어놓을 수 없다. 농업은 '식량 공급'이라는 중요한 역할을 하는데 강력한 농업은 SDGs의 목표 ② '기아 해소와 지속 가능한 농업'을 달성하는 데 필수적인 요소이다. 이는 가난한 유아를 포함해 취약한 환경의 많은 사람이 일 년 내내 안전하고 영양가 높은 적절한 음식을 먹을 수 있도록 만드는 일이다. 즉, SDGs 목표 ②의 달성 방법에는 지속 가능한 식품 생산 시스템 구축, 관련 생산 기술 연구, 다양성 유지, 가격 안정성 등이 있다.

농업은 '환경 유지'의 기능을 가지고 있지만 생산성이 향상되면 환경오염과 음식물 쓰레기 등과 같은 부정적인 결과가 생겨날 수도 있다. 이 점은 SDGs의 목표 ⑫의 '지속 가능한 소비와 생산', 목표 ⑬의 '기후변화와 대응', 목표 ⑭의 '해양 생태계', 목표 ⑮의 '육상 생태계'와 관련이 있다.

세계의 많은 사람이 여전히 농업을 주요 직업으로 삼고 있으므로 농업은 고용을 지원하는 역할도 한다. 따라서 SDGs의 목표 ⑧의 '양질의 일자리와 경제성장'과 목표 ⑨의 '혁신과 인프라'와도 관계가 있다.

농업은 이처럼 SDGs와 관련성이 많고, 사회에 광범위한 영향을 미치기 때문에 더 많은 목표를 구체적으로 적용할 수 있으나 SDGs와 관련한 홍보 등에 대해서는 아직은 상당히 미흡한 편이다. 반면 기업에서는 비즈니스에서 SDGs와 관련된 이니셔티브Initiative를 홍보하는 것을 흔히 볼 수 있다. 언론에서도 SDGs와 관련된 업종과 이를 실행하고 있는 관공서, 회사 등을 자주 소개하고 있다. 소비자들 또한 SDGs를 실천하는 기업의 상품 구매가 늘어나는 등 SDGs에 대한 관심과 참여가 늘어나고 있다.

따라서 농업은 태생적으로 SDGs와 연관성이 많기에 그것을 기준으로 삼아 품목, 재배시설, 경영 방식 등을 SDGs에 맞춰 시대적 흐름에 동참해야 한다. 동시에 이를 구체적으로 알리고 홍보해 SDGs를 실천하려는 소비자들의 지지를 받는 것은 물론 지역 농산물의 차별화로 인한 소득증대에도 활용해야 한다. 농업 관련 기관과 단체에서도 적극적으로 나서 농업 활성화의 본분을 다하고 그 의지 역시 보여주어야 한다.

3
자연과 농토, 손자에게 빌린 것이다

2021년 9월 16일 이탈리아 피렌체에서는 G-20 지속 가능한 농업 포럼이 열렸다. 이 포럼에서 미국 농무부 톰 빌색Tom Vilsack 장관은 농업에 대한 시각이 변해야 할 때라고 말했다. 빌색 장관의 연설은 포럼 주제인 지속 가능한 농업에 관한 내용이었다. 연설의 주요 내용을 간추려 보면 다음과 같다.

"세계는 코로나19 대유행과 사회적, 경제적 도전에 직면해 있다. 기아와 빈곤 종식과 기후변화에 대응하고 지속 가능하고 평등하며 회복력 있는 식량 시스템을 구축하기 위해서 함께 논의하고 종합적으로 행동해야 할 때다.

우리는 조상에게서 땅을 물려받은 것이 아니라 손자에게서 빌린 것이다. 지구와 사람, 농민의 생계를 동시에 유지해야 하는 도전에 대응하기 위해서는 이제 식품, 섬유질, 사료, 연료, 재배 및 유통에 대해 근본적인 관점에서 살펴볼 때이다.

증가하는 세계 인구를 성공적으로 먹여 살리려면 천연자원에 미치는 영향을 최소화하면서도 생산량을 늘려야 한다. 더 적게 사용하고, 덜 오염시키면서 더 많이 생산하려면 새로운 방식을 개발하고 보급하는 데 전념해야 한다.

지속 가능한 생산성의 성장을 위해서는 천연자원을 보다 효율적이고 기후에 맞게 사용할 수 있도록 농업 연구 및 개발에 계속 투자해야 한다. 생명 공학을 포함한 과학과 혁신을 계속해야 하며, 농업과 식품 시스템 전반에 걸쳐 지속 가능성과 탄력성을 개선해야 한다. 그것은 농부와 소비자, 지역사회에도 도움이 되고, 지구에도 도움이 되는 시스템과 해결책이어야 한다.

농업과 식품 시스템에 대한 근본적인 재고의 일부는 선형 경제에서 순환 경제로의 전환을 포함한다. 생산 측면에서 농부, 축산업, 산림업에 종사하는 사람들은 이미 순환 농업의 이점을 보여주고 있다. 그것은 토양 건강을 개선하며, 질소를 고정하고 바이오매스를 구축하는 데 도움이 되는 피복 작물을 심고, 물과 폐수를 재사용 및 재활용하고, 가축 폐기물을 에너지로 전환하는 것과 같은 일이다.

미국은 기후 친화적이고 지속 가능한 방식으로 생산한 상품과 바이오 기반 제품 시장을 확대하기 위해 노력하고 있다. 농장 안팎에서 재생 에너지 사용을 확장하고, 농촌 지역사회의 에너지 사용과 비용을 줄이고,

바이오 경제를 성장시키기 위해 녹색 농촌기반 시설을 위해 노력하고 있다.

미국은 전략적 행동 우선순위로서 지속 가능한 생산성의 성장을 높이는 데 도움이 되는 새로운 연합을 추진할 것이다. 우리는 함께 모여 사회적, 경제적, 환경적 목표를 발전시키는 생산성 성장을 위한 행동을 취해야 한다. 식량 안보 및 자원 보존을 위해 지속 가능한 생산성 성장을 위한 새로운 행동 연합은 이를 위한 한 가지 방법이다.

우리에게는 엄청난 기회가 있다. 우리가 조상에게 물려받은 것보다 더 나은 상태의 지구를 우리 아이들에게 돌려주기 위해 함께 노력합시다."

자연과 농토는 조상에게 물려받은 것이 아니라 손자에게서 빌린 것이다.

4
온실가스와 농업의 패러다임 변화

지구온난화의 원인 물질인 온실가스GHGs: Greenhouse Gases가 농업의 패러다임을 변화시키고 있다. 온실가스는 지표에서 방사된 적외선의 일부를 흡수해 대기권에서 온실효과를 만드는 기체다.

온실가스 종류에는 수증기, 이산화탄소CO_2, 메탄CH, 아산화질소N_2O, 수소불화탄소HFCs, 과불화탄소PFCs, 육불화황SF_6이다. 수증기는 온실효과를 만드는 동시에 증발과 강우를 통해 열을 우주 공간으로 운반하는 작용도 한다. 하지만 인위적인 수증기 발생량만으로는 기후변화에 큰 영향을 미치지 않기에 이산화탄소, 메탄, 아산화질소, 수소불화탄소, 과불화탄소, 육불화황을 6대 온실가스라고 한다.

온실가스는 지구 평균 기온이 약 14℃ 전후가 되도록 유지하는데 만약 온실가스가 없다면 지구 표면 온도는 -20℃ 정도가 될 것이다. 이처럼 온실가스는 지구를 따뜻하게 유지하는 역할을 하지만 산업혁명 이후 대기 중 온실가스 농도가 점점 높아지자 열 흡수가 증가해 지구의 온도가 상승하는 지구온난화Global Warming 현상이 발생하고 있다.

지구온난화는 지구 평균 표면 온도가 장기간에 걸쳐 상승하는 것을 의미하지만 일반적으로는 산업혁명 이후 지구 평균 표면 온도가 상승하는 것을 말한다.

지구 표면 온도는 1850년 이후 꾸준히 상승해 2017년 말에는 산업혁명 이전 대비 1℃ 이상 상승했다. 2001년에 발표한 기후변화에 관한 정부 간 협의체IPCC: Intergovernmental Panel on Climate Change의 3차 보고서에 의하면 1901년부터 2000년까지의 100년 동안 지구 표면 온도는 0.6℃ 상승했다.

온실가스의 배출 증가로 인해 지구온난화는 과거보다 더욱 빠른 속도로 진행되고 있는데 IPCC의 5차 보고서에서는 지금과 같이 지속적으로 온실가스를 배출하면서 감축 노력도 하지 않는다면 2100년에는 지구 표면 온도는 지금보다 최대 4.8℃가 상승할 것이라고 했다.

지구온난화가 심해질수록 집중호우, 강수 유형의 변화, 가뭄과 폭염, 산불, 태풍, 해수면 상승과 산성화 등 기상이변의 발생 빈도가 높아지는데 그렇게 되면 생태계 역시 파괴될 가능성이

지구온난화 진행은 집중호우 등과 같은 기상이변을 자주 유발하게 된다.

높아져 인류 생존이 위기에 처할 것이다.

국제사회에서는 이러한 지구온난화 상황에 대해 문제의식을 공유하고 대응하기 위해 1992년 국제조약인 유엔 기후변화협약UNFCCC: United Nations Framework Convention on Climate Change을 채택했다. 1997년 일본 교토에서 열린 제3차 유엔 기후변화협약 당사국 총회COP3에서는 이른바 교토의정서가 채택되었는데 이는 온실가스 감축이 주된 목적으로 2005년부터 발효되었다.

2015년 프랑스 파리에서 열린 제21차 유엔 기후변화협약 당사국 총회COP21에서는 195개 당사국들이 파리 기후변화협약Paris Climate Change Accord을 채택했다. 파리 기후변화협약에서는 지구 평균 표면 온도 상승 폭을 산업화 이전 대비 2℃ 이하로 유지하고, 온도 상승 폭을 1.5℃ 이하로 제한하기 위해 함께 노력하기로 협의했다.

2021년 영국 글래스고에서 열린 제26차 유엔 기후변화협약 당사국 총회COP26에서는 파리 기후변화협약 세부 이행 규칙을 완성했다. COP26에서는 글래스고 기후합의Glasgow Climate Pact를 대표 결정문으로 선언하고 적응재원, 감축, 협력 등의 분야에서 각국의 행동을 촉구했다.

COP26에서 온실가스 감축을 위한 당사국의 구체적인 역할과 목표의 합의가 이루어짐에 따라 농업은 이제 농산물의 생산에서 유통에 이르기까지 온실가스 감축이라는 과제를 안게 되었다. 동시에 온실가스 감축과 상쇄하게 만들 기술, 탄소 농산물 인증과 차별화, 온실가스 감축과 관련한 마케팅 및 비즈니스라는 새로운 시장과 기회를 갖게 되었다. 온실가스로 인한 농업 패러다임의 변화는 이처럼 우리에게 과제와 기회를 동시에 안겨주고 있다.

이 변화를 발전의 기회로 삼기 위해서는 농업 측면에서 온실가스와 지구온난화에 대해 공부하고 시대적 요구에 따른 적극적이고도 능동적인 대응과 활용이 필요하다.

5
기후변화에 대한 인식과 농산물의 대응

산업화 이후 지구의 기후변화는 인류가 우려했던 것보다 더 빠른 속도로 진행되고 있다. 기후변화는 지구 차원에서 일어나는 일이므로 파괴적인 영향을 피할 안전한 곳은 없다. 기온의 상승은 환경파괴와 자연재해, 기상이변, 식량 불안과 물 부족, 경제 혼란, 갈등과 테러를 조장하고 있다.

해수면은 계속 상승하고 있으며 북극 빙원은 녹아내리고 있고 그런 기후변화에 따른 비용은 돌이킬 수 없을 정도로 커지고 있다. 지구 차원에서 이를 줄이기 위한 효과적인 대응이 절실해지고 있으며 이는 농업에서도 예외는 아니다. 이에 우리나라에서는 농업 분야의 기후 위기 대응을 위해 2025년까지 전남 해남군 삼산면 평활리에 농식품 기후변화대응센터를 설립한다.

우리나라에서 농식품 기후변화대응센터 부지를 결정한 비슷한 시기에 미국 여론기관인 퓨 리서치 센터Pew Research Center에서는 선진 17개국의 1만 8,000명 이상을 대상으로 한 기후변화 의식 조사 결과를 발표했다.

조사는 미국의 경우 2021년 2월에 실시했고 캐나다와 유럽, 호주, 뉴질랜드, 일본, 싱가포르, 한국, 대만 등 16개국은 2021년 3월 중순부터 5월 하순에 걸쳐 실시했다. 이 시기는 북반구에서 맹렬한 폭염과 대규모 산불, 태풍, 홍수 등이 발생하기 이전이었다.

조사 결과 기후 위기가 개인에게 미치는 영향에 대해서는 독일, 영국, 호주, 한국에서 '매우 우려하고 있다'는 응답이 2015년 조사와 비교해 크게 늘었다. '어느 정도' 또는 '매우' 걱정하고 있다는 답변은 한국이 88%로 가장 많았으며 이어서 그리스(87%), 스페인(81%), 이탈리아(80%), 프랑스(77%), 독일(75%), 미국(60%), 스웨덴(44%) 순이었다. 미국에서는 2015년 조사와 비교해 기후 위기 인식에 큰 변화가 보이지 않았으나 일본은 유일하게 기후변화에 대해 '매우 우려하고 있다'는 응답이 8% 감소했다.

세대 간에는 전반적으로 젊은 세대가 노인 세대보다 온난화가 개인에게 미치는 영향에 대한 우려가 강한 경향이 있다. 스웨덴은 18~29세의 65%가 자신에게 영향을 미치는 기후변화에 최소한 '어느 정도 우려하고 있다'고 답변했는데 이 비율은 65세

이상 연령층과 비교해 40%가 더 높았다. 그리스와 한국은 젊은 세대보다 65세 이상 연령층에서 강한 우려를 나타냈다.

성별로는 여성이 남성보다 기후변화가 개인에게 미치는 영향에 대해 큰 우려를 나타냈다. 예를 들어 독일의 경우 '우려하고 있다'고 답한 여성은 82%로 남성(69%)에 비해 높게 나타났다.

화석연료에 크게 의존하고 있는 미국의 기후 위기 대책에 대해서는 비판적인 시각이 강했다. 미국이 '어느 정도 잘하고 있다'는 응답은 33%, '매우 잘하고 있다'는 응답은 3%였다. 중국의 기후변화 대책에 대해서는 78%가 '매우 나쁘다'고 응답했는데 이 조사 이후 약 1개월 뒤 호우로 인한 허난성 홍수로 수백 명이 사망했다.

국제적인 노력으로 기후변화의 효과적인 대응이 가능할지에 대한 질문에서 52%가 '다자간 대응이 성공한다고는 생각하지 않는다'고 응답한 반면 46%는 '국가 간 협력에 의해 대응할 수 있다'는 낙관적인 전망을 나타냈다.

이번 조사에서는 기후변화의 영향에 대한 인식이 높아지고 있다는 점도 드러났다. 응답자의 72%는 '자신이 살아있는 동안 기후 위기로 인한 피해를 당할 것을 우려한다'고 답했다. 또한 이 위기에 대응하기 위해 개인적인 희생을 감수하더라도 변화를 마다하지 않겠다는 응답이 80%에 달했다.

퓨 리서치 센터의 보고서를 통해 사람들이 기후변화에 대한

기후변화에 대응하기 위해서는 개인적인 희생을 감수하더라도
행동을 바꾸겠다는 사람들이 증가하고 있다.

우려가 크고, 기후변화를 막기 위해 개인적인 희생도 감수하겠다는 생각을 가진 사람들이 증가했음을 보여준다. 이는 곧 기후변화에 영향을 주는 방식으로 생산한 농산물은 구매하지 않겠다는 인식이기도 하다. 반대로 말하면 기후변화를 일으킬 가능성이 낮은 방식으로 생산한 농산물은 비싸더라도 구입하겠다는 의사이기도 하다. 따라서 이제는 농산물의 생산 과정, 유통, 마케팅 또한 기후변화에 효과적으로 대응하는 방식이어야 한다.

6

탄소 배출과 저장이라는 기로에 선 농업

농업은 온실가스를 배출하는 주요 산업이자 탄소저장고이다. 탄소저장고는 탄소 저장량에 따라 해양(3만 8,000Pg), 지질(4,130Pg), 토양(2,500Pg), 대기(800Pg), 생물학(620Pg)적으로 나눌 수 있다. 참고로 Pg피코그램은 1조분의 1g이다.

산업혁명 이후 인류는 화석연료를 대량으로 착취하고 연소해 왔기에 세계 5대 탄소저장고가 지질학적으로 많이 감소했고 대기와 토양 탄소저장고의 중요성이 강조되고 있다. 대기 탄소저장고는 작물과 산림이 큰 부분을 차지하고 토양 탄소저장고는 농토가 많은 부분을 차지하므로 대기와 토양 탄소저장고는 농업과 관련이 깊다.

탄소 배출과 감축이라는 양면성을 지닌 농업 기술과 시스템은 그동안 생산성 위주로 발전해 오면서 온실가스 배출량을 증가시켜 왔다. 과거에는 토양 관리를 위해 심경深耕법을 주로 권장해 왔는데 작물의 근권 영역의 확대와 하층에 존재하는 양분의 활용에 도움이 되며, 작토 아래의 반층을 파쇄하면 통기와 투수성에도 좋다는 이유에서였다.

그런데 탄소 배출 측면에서 심경은 탄소가 토양에서 방출되는 것을 촉진해 권장하지 않고 이제는 최소 깊이의 경운이나 무경운을 권장하고 있다. 무경운은 경운비 절감 등 경영비 측면에서도 장점이 부각되고 있다.

무경운 포장에서 재배되고 있는 오이

식물은 광합성을 통해 얻은 에너지의 30~40%를 뿌리에서 삼출물의 형태로 토양에 배출한다. 이 삼출물은 풍부한 영양분을 토양 생물에게 공급한다. 하지만 식물이 없다면 흙 속 세균은 영양분을 얻지 못해 죽게 되고 결국 탄소를 방출한다. 그런 이유로 이제는 탄소 배출 방지를 위해 피복재배가 권장되며 휴경은 탄소 배출 촉진 농업으로 해석되고 있다.

미국 환경 보호국에 따르면 "아산화질소는 지구온난화의 약 6%를 담당하는 물질인데 토양에 비료를 첨가하면 미생물이 분자당 이산화탄소보다 300배 더 강력한 온실가스인 아산화질소를 방출한다"고 밝혔다.

농업의 효율화를 위한 트랙터 등 기계의 사용, 운송 및 비료 생산을 위해 에너지를 포함한 식품 시스템의 화석연료 사용은 전체 온실가스 배출량의 10% 이상을 차지하므로 탄소 감축 측면에서는 기후에 적합한 작물을 재배해 냉난방을 최소화해야 한다는 압력이 생기고 있다.

이외에 토양 표면의 다양성은 토양에서 영양을 공급받는 생태계의 수와 관련이 있으므로 양파나 마늘 같은 단일 작물을 지속적으로 재배하기보다 다양한 식물을 식재해 더 많은 생태계를 지원하고 탄소를 고정해야 하는 압력에도 직면해 있다. 탄소 배출을 고려하지 않는 관행적인 농업에 대해서는 기후변화에 대응하기 위해 농업에서도 무언가를 해야 한다는 사회적 압력 또한 높아지고 있다.

따라서 농업은 탄소 배출의 감축, 탄소의 저장이라는 측면을 고려한 지금의 농업 상황에 맞춰 슬기롭게 대처해야 하는 시점에 와있다. 농민들 또한 탄소 배출에 유해한 관행에서 벗어나 온실가스 배출 감축과 토양에 탄소를 저장하면서도 수확량을 증가시키는 탄소 농업을 선택해야 하는 기로에 놓여있다.

7
10년 후 지속 가능한 농업 수준은?

지금 세계적인 화두는 '지속 가능한Sustainable'이다. 농업도 마찬가지이다. 2020년 유럽연합EU에서는 농장에서 식탁까지 전략Farm to Fork Strategy을 발표했다. 이것은 농가·기업·소비자·자연환경이 하나가 되어 지속 가능한 식량 시스템을 구축하는 전략이다.

농장에서 식탁까지 전략의 핵심 영역은 지속 가능한 식량 생산, 지속 가능한 식품 가공 및 식품 유통, 지속 가능한 식품 소비, 식품 손실 발생 억제이다. 목표는 2030년까지 농약 사용 50% 절감, 화학비료 사용은 최소 20% 절감, 축산 및 수경 재배에 사용하는 항균제 사용은 50% 절감, 농지의 25%를 유기 농지로의 전환이다. 이외에 소비자의 정보 접근 강화를 도모하기 위해 건강하고 지속 가능한 음식의 정보 전달 환경정비다.

일본 농림수산성에서는 2021년 5월 그린 식료시스템 전략みどりの食料システム戦略을 수립 발표했다. 이 전략에는 30년 후 일본 농업의 방향성을 고려한 장기적인 비전이 담겨있다. 전략 목표는 크게 네 가지로 첫째, 농림 수산업의 이산화탄소 배출 제로0의 실현이다. 둘째는 신규 농약 등의 개발로 살충제 등 화학농약 사용량 50% 절감이다. 셋째는 수입 원료와 화석연료를 원료로 한 화학비료 사용량 30% 절감이다. 넷째는 유기농업의 면적 비율을 25%로 확대하는 것이다.

일본에서는 30년 후의 그린 식료시스템 전략 목표 달성을 위해 10년마다 달성 목표를 설정해 놓고 전체적으로 지속 가능성과 충돌 없이 목표를 달성해 나갈 수 있도록 하고 있다. 그린 식료시스템 전략은 유럽연합의 농장에서 식탁까지 전략 등 세계적인 흐름에 맞춤으로써 수출 확대 측면도 고려하고 있다.

그린 식료시스템 전략의 실현을 위한 방법으로는 AI 활용 및 신약 개발 등에 초점을 맞추고 있다. 농약 사용 감소를 위해서는 드론으로 해충의 위치를 파악한 뒤 필요한 곳에만 농약을 살포하는 핀 포인트 방제, 제초제의 번거로움을 간소화하기 위한 제초제 로봇, 소형 레이저에 의한 살충 기술 등이 거론되고 있다. 화학비료 절감 대책으로는 슬러지 등 지역 자원을 비료로 활용하는 방법이 검토되고 있다. 비료 흡수 효율이 높은 슈퍼 품종의 육종도 함께 진행되고 있다.

지속 가능한 농업은 이처럼 사람들의 화두가 되고 있으며 세계 각지에서도 단기, 중장기 목표를 설정해 놓고 그 목표를 달성하기 위해 나아가고 있다. 이 때문에 지속 가능한 농업은 이제 국제적인 수준에서 진행되고 있다. 이 흐름에서 소외되면 농산물 수출이 어려운 점 등 국제사회에서도 따돌림을 당하는 환경이 조성되고 있다.

지속 가능한 농업은 국제적인 수준에서 진행되고 있다.

따라서 우리 농업이 10, 20년 후에도 생존하고 발전하기 위해서는 정부뿐만 아니라 농업경영체에서도 구체적으로 지속 가능한 농업 목표를 설정하고 그 목표를 달성하기 위한 계획과 방안 그리고 계획대로 실행해 나가는 일이 중요하다.

8
농축산물 생산, 윤리적 소비에 비중 두어야

최근 윤리적 소비에 사람들의 관심이 증가하고 있다. 윤리적 소비는 가격과 품질로만 구매를 결정하는 것이 아닌 소비 행위가 다른 사람이나 사회 그리고 환경에 영향을 미치는 공적 행동이자 사회적 활동이라는 인식을 바탕으로 한 소비를 뜻한다. 우리나라에서는 생소하게 느끼는 사람들도 있겠으나 서양에서는 윤리적 소비Ethical Consumption와 윤리적 조달Ethical Sourcing 등의 단어가 대중적으로 사용되고 있다.

윤리적 소비라는 말이 대두되어 소비에 영향을 미친 시기는 1980년대 영국에서 발행한 불매 운동 정보 잡지 〈에티컬 컨슈머Ethical Consumer〉가 계기가 되었으며 1990년대 영국에서는 윤리적인 기업의 제품을 적극적으로 구매하자는 운동이 확산되었다.

영국은 윤리적 소비의 발상지라 할 수 있는데 영국에서는 시민 단체의 캠페인을 비롯해 텔레비전에서 방영하는 다큐멘터리, 미디어에서의 문제 제기가 소비자들의 행동에 영향을 미치고 기업도 이에 대응하고 있다.

일본에서는 2015년부터 2년간 소비자청에서 윤리적 소비 연구회를 개최하고 윤리적 소비 활동을 펼쳤다. 일본 광고 컨설팅 기업인 (주)덴츠가 2021년에 실시한 의식 조사에 의하면 윤리적 소비를 대표하는 키워드인 '지속 가능 개발목표SDGs'에 대한 일본의 소비자 인지도는 54.2%로 전년 대비 2배 가까이 증가했다.

우리나라에서도 최근 '착한 소비'로 불리는 윤리적 소비가 증가하는 추세이기 때문에 윤리적인 농산물은 그 자체만으로도 경쟁력이 높아질 수 있는 환경을 맞이하고 있다. 그 환경에 재빠르게 대응하고 농업의 사회적 역할을 충실히 하기 위해서는 농산물에서도 윤리적 소비자들이 선택할 수 있는 상품을 제공하려는 노력이 필요하다.

윤리적 소비자들을 위한 농산물은 많다. 그중 대표적인 몇 가지를 소개해 보면 첫째, 로컬푸드를 말할 수 있다. 로컬푸드는 해당 지역에서 생산한 농산물을 동일한 지역에서 판매하기 때문에 수송용 에너지, 즉 탄소발자국을 줄일 수 있다. 또한 지역 생산자가 생산한 농산물을 소비함으로써 지역 활성화에도 도움이 된다.

둘째, 유기농과 친환경으로 생산한 농산물이다. 유기농과 친환경으로 생산한 농산물은 생산 과정에서 온실가스를 줄여 지구온난화 방지, 생물다양성의 보전 등 환경부하를 줄인 것으로 이는 결국 지구를 위한 일이다. 유기농 제품은 농가와 생산자의 건강에 해를 끼치지 않는 동시에 농약에 의한 농지 피해도 없으므로 '환경을 배려한 소비'라 할 수 있다.

셋째, 외국인 노동자의 복지에 신경을 쓰고 장애인 고용, 근로자의 생산 환경 안전과 인권을 보호하면서 생산한 농산물과 농산가공품은 사람과 사회 친화적이다.

넷째, 동물 복지를 실천하면서 생산한 축산물이다. 가축을 사육하는 과정에서 동물들이 자유롭게 움직일 수 있는 넓은 환경을 제공하고, 먹이를 적절하게 공급하는 등 동물의 고통이나 스트레스를 최소한으로 줄여나가고 배려해 동물들의 잘 살 권리를 보장해 주는 것이다.

다섯째, 과대포장을 줄이고 환경친화적인 포장지를 사용하여 탄소발자국을 최소화한 농산물이다. 이들 농산물은 생산지 근처의 환경 보전에 기여하는 동시에 지구를 위한 것이다.

이외에 인간, 사회, 지구환경을 위하면서 생산한 농산물은 윤리적 소비 제품이 된다. 이러한 농산물들은 대부분 생산 방식 등과 같은 이유로 생산원가가 높아질 수는 있으나 윤리적 소비자들은 이를 감당할 준비가 되어 있고 이러한 의식이 최근의 소비

흐름이다. 따라서 농산물은 윤리적 소비자들이 선호하는 상품으로 만들 때 판매력을 높일 수 있고 수출에도 유리하다는 사실을 인지하고 윤리적 소비 상품에 비중을 두고 농산물 생산을 계획했으면 한다.

9

리제너러티브 농업, 환경 재생형 농업

미국과 유럽을 중심으로 리제너러티브 농업Regenerative Agriculture의 활용이 증가하고 있다. 리제너러티브 농업을 번역하면 재생형 농업으로 확정된 정의는 없지만 일반적으로는 무경운 또는 저경운 농업, 피복 작물 사용, 수확한 작물에 의한 멀칭, 화학 살충제 및 비료 사용 감축, 윤작 혹은 혼작이 포함되며 토양의 유기물을 늘려 이산화탄소를 토양에 저장하고, 기후변화를 억제하는 효과가 있다고 여겨지는 농법으로 환경 재생형 농업으로 불리고 있다.

현재 농업은 화학비료와 농약의 사용, 기계화 등에 의해 생산성은 높아지고 있으나 과도한 관리 방법으로 인해 온실가스의 발생과 생태계의 악영향 등 농업 자체가 환경부하의 원인이 되는 경우가 많다.

환경 부화는 지구온난화를 촉진시키고 있으며 그에 대한 피해는 온실가스를 많이 배출하고 있는 선진국보다는 아프리카 등지의 나라들이 가뭄 발생 등으로 인한 식량 부족 현상이 나타나고 있다. 이에 따라 유럽에서는 재생농업을 탄소 농업Carbon Farming으로 활용하고 있으며 보조금 지급 등 다양한 인센티브를 주면서 이를 권장하고 있다.

미국의 아웃도어 브랜드인 파타고니아Patagonia 또한 기후변화나 식량 부족 등 전 세계적으로 겪고 있는 문제의 대안으로 재생형 농업을 지원하고 있다. 파타고니아는 환경 재생형 농업을 효과적으로 지원하기 위해 2017년 미국의 타 브랜드와 함께 리제너러티브 농업 인증 단체를 지원했으며, 2018년에는 최고 수준의 글로벌 농업 기준을 책정하기 위한 기관으로 리제너러티브 오가닉 얼라이언스ROA: Regenerative Organic Alliance를 설립했다.

ROA에서는 2020년 8월 10일 식품, 섬유, 소비재를 위한 '리제너러티브 오가닉 인증ROC' 파일럿 단계를 완료한 뒤 정식으로 인증 절차를 시작하고 있다. ROA의 '리제너러티브 오가닉 인증'을 받기 위해서는 미국 농무성의 유기농 기준을 충족해야만 한다. 게다가 공정무역 인증, 동물복지 인증 등 기존의 인증도 포함되어 있다.

인증 취득은 준수 상황에 따라 골드, 실버, 브론즈의 세 종류로 되어 있다. 토양 인증 기준은 기본적으로 ① 유기농 인증을

리제너러티브 오가닉 인증 로고

받은 것, ② 무경운 재배인 것, ③ 식물에 의한 토양 피복이 25% 이상인 것, ④ 작물의 종류와 생육 장소를 주기로 바꾸는 윤작을 실시해 세 종류 이상의 작물 또는 다년생 식물을 이용하고 있는 것, ⑤ 재배 작물이 유전자변형 농수산물GMO: Genetically Modified Organism 또는 유전자 편집 작물이 아닌 것, ⑥ 토양의 재생을 촉진하는 농업기술을 세 개 이상 도입하고 있는 것 등이다. 인증 기준을 보면 토양의 상태를 건전하게 유지하고 있는지를 중시하고 있다는 사실을 알 수 있다.

일본에서도 환경 재생형 농업을 실시하고 있는 기업이 있다. 그 기업은 일본 홋카이도를 거점으로 방목한 소와 닭의 유제품이나 달걀 등의 원재료로 과자를 생산하고 있는 '유토피아 에그리컬처'이다.

유토피아 에그리컬처에서는 평지나 산간지를 이용한 방목, 평목에 의한 닭 사육을 메인으로 하고 있는데 '방목 낙농에서 이산화탄소 마이너스 실증에 도전'이라는 이름으로 홋카이도 대학과 공동으로 환경 재생형 농업 그리고 낙농에서의 지속 가능성을 연구하고 있다.

좁은 장소에서 많은 수의 가축을 무리하게 사육하게 되면 미생물이 배설물을 분해할 수 있는 한계를 넘어 환경에도 영향을 미치는 것으로 알려져 있다. 유토피아 에그리컬쳐에서는 축산이 정말 환경부하의 원인이 되고 있는지를 조사하던 중 지속 가능한 농업이 생태계의 보전으로 이어진다는 사실을 확인했다.

홋카이도 대학과 유토피아 에그리컬쳐의 공동 연구에서는 토양의 탄소량 추이를 예측할 수 있는 'RothC'라는 모델을 사용해 기후나 작물, 비료 종류의 데이터를 입력함으로써 토양의 이산화탄소 흡수 등의 이산화탄소 양을 계량하고 적절한 관리 방법 또한 모색하고 있다.

환경 재생형 농업은 비교적 최근에 활발하게 논의되고 있긴 하지만 토양의 이산화탄소 흡수와 격리에 비중을 두고 있으므로 앞으로 지구온난화 억제에 효과적인 농업이라 할 수 있다.

10
환경 재생형 농업 지지 기업의 증가

인류에게 농업은 생존의 기본이 되는 먹거리를 생산하는 중요한 산업이다. 지금도 인류의 먹거리를 책임지고 있는 농업은 전 세계 인구가 빠른 속도로 증가함에 따라 고생산성 위주의 공업형 농업으로 빠르게 변하고 있다. 하지만 공업형 농업의 온실가스 배출량은 전체 온실가스의 약 3분의 1을 차지하고 있다는 보고가 있을 만큼 환경오염의 원인이 되고 있다.

공업형 농업에서는 '농업'과 '축산'이 뚜렷하게 구분이 된다. 본디 동·식물은 동일한 생태계에서 함께 존재하다가 농업이 분리되어 나왔다. 공업형 농업에서는 작물의 재배 또한 '단일 작목 재배' 중심이다. 단일 작목의 지속 재배는 생태계의 중요한 기능인 '생물다양성'이 결여된 방식으로 농약이나 화학비료 등이 더 많이 소요된다.

공업형 농업은 물의 소비도 많아 세계 물 소비의 약 70%를 차지한다. 이대로 가면 60년 이내에 농지의 표층에 물이 사라질지도 모른다는 예측이 나올 정도다. 기후 위기를 가속화시키고 있는 이 공업형 농업 방식을 환경 재생형 농업 또는 재생형 농업Regenerative Agriculture으로 바꾸면 일부 해결 가능하다는 주장에 동조하는 사람들이 늘어나고 있다.

환경 재생형 농업은 1980년대 미국에서 유기농업을 연구하는 로데일 연구소Rodale Institute에 의해 처음 알려졌고 이는 자연환경 회복에 중점을 둔 농업이었다. 즉, 환경 재생형 농업은 표토 재생, 생물다양성 증가, 물 순환 개선, 생태계 서비스 향상, 생물 격리 지원, 기후변화에 대한 회복력 증가, 농장 토양의 건강 및 활력 강화에 중점을 둔 농업으로 토양을 탄소 흡수원으로 활용한다. 따라서 세계 50억 ha 농지에 환경 재생형 농업을 적용하면 20년간 약 150억 t의 탄소를 삭감할 수 있게 되어 지구를 산업혁명 이전 수준으로 되돌릴 수 있다는 주장이 나왔다.

환경 재생형 농업은 최근에 이를 지지하고 마케팅에 이용하는 기업이 늘어나면서 주목받고 있다. 세계 최대 식품·음료 메이커인 네슬레Nestle는 2020년 12월 기후변화 대책을 위한 로드맵을 발표했다. 그 내용은 2030년까지 네슬레가 배출하는 온실가스 양을 반감시켜 2050년까지 기후중립Climate Neutral을 목표로 한다는 것인데 이 로드맵에서 환경 재생형 농업이 키워드로 등장했다.

네슬레는 전 세계 지점에서 환경 재생형 농업을 확대하는 데 중점을 두고 우선 향후 5년간 32억 스위스 프랑을 투자할 예정이다. 2025년까지 원료의 20%는 환경 재생형 농업으로 생산한 것에서 조달하고, 2030년까지는 50%에 해당하는 1400만 t 이상을 조달할 계획이라고 한다.

로스앤젤레스에 위치한 여성 패션 브랜드 '크리스티 던Christy Dawn'은 2021년 환경 재생형 농업으로 재배한 오가닉 코튼을 사용해 드레스를 출시했다. 크리스티 던은 일찍부터 환경부하가 적은 패션을 제안해 온 브랜드인데 환경 재생형 농업으로 재배한 섬유 원료의 조달과 제품화 프로젝트에 대해 '농장에서 옷장으로Farm to Closet'라고 부르고 있다.

크리스티 던에서는 남인도를 거점으로 삼는 패션 브랜드 '오샤디Oshadi'와 협력하면서 토지 및 주변 자연환경과 생물다양성, 일하는 사람들 그리고 지역 커뮤니티에 친화적인 목화를 키우고 있다. 동시에 현지에서 천연염료를 이용해 염색 작업까지 하고 있다.

미국에 본사를 둔 아웃도어와 스포츠 의류 브랜드인 파타고니아 또한 일찍부터 지구환경 문제에 대처해 온 기업이다. 파타고니아에서는 재사용·재활용 자원을 활용한 상품을 제조 판매하고 있으며 환경 재생형 농업으로 생산한 목화 등을 사용한 상품을 출시했다.

위의 사례에도 불구하고 환경 재생형 농업으로 만들어진 제품을 구매하는 기업과 구매량은 매우 미미한 수준이고 생산성과 경쟁력 측면에서도 불투명한 상태다. 그렇기에 공업형 또는 공장형 농업 방식의 농업을 환경 재생형 농업으로 전폭 변경하는 일은 쉽지 않은 것이 현실이다.

그렇지만 비싼 가격을 주더라도 환경 재생형 농업으로 생산한 농산물을 구매하겠다는 기업이 증가하고 있다는 사실은 농산물 시장의 다양성 증가와 농업 패러다임이 친환경 위주로 변하고 있음을 시사하며, 이에 대응한 농업 수요가 발생하고 있음을 의미한다. 이 변화는 공업형 농업에서 벗어나 온실가스 감축 등 환경을 살리면서도 생산성이 높은 농업 모델을 만들고자 하는 농가 및 관련 기업에게 기회를 제공하고 있다.

11
유기농과 탄소 감축 농산물의 관계 설정

유기농有機農의 사전적 의미는 화학비료나 농약을 쓰지 아니하고 유기물을 이용하는 농업 방식을 말한다. 국립농산물품질관리원이 정의한 유기농은 3년 이상(다년생 이외 작물은 2년) 화학비료나 화학농약을 쓰지 않고 유기물을 이용해 생산하는 방식이다. 유기농산물은 이런 농작법으로 재배한 것을 말한다.

유기농과 유기농산물은 환경과 건강 그리고 생산자의 소득 측면에서 권장되고 있다. 환경 측면에서는 농약과 화학비료를 사용하지 않음으로써 생태계의 다양성을 유지하고 환경을 보존하며 지속 가능한 농업을 실천하는 데 도움이 된다는 주장이 많다. 건강 측면에서는 농약과 화학비료를 사용하지 않음으로써 건강에 유해한 물질이 포함되어 있지 않고, 그로 인해 몸에 좋을 것이라는 인식이 형성되어 있다. 소비자들이 유기농산물이 건강에 좋다는 인식을 갖고 있다는 건 이러한 방식이 유기농산물의 생산과 소비의 원동력이 된다.

농지가 넓고 기후 여건이 유기농 재배 방식에 유리한 미국 및 유럽과 달리 우리나라는 농지 면적이 좁고 습도가 높아 병충해에 의한 농산물 손실이 크므로 유기농으로는 수확량이 적을 수밖에 없다. 그런데도 우리나라에서 유기농이 가능한 것은 건강에 좋다는 인식에 다소 비싸더라도 유기농을 구매하는 소비자들이 존재하기 때문이다.

유기농과 유기농산물은 이처럼 환경과 건강에 좋다는 인식이 많지만 일부에서는 이에 대해 의문을 제기하기도 한다. 무농약 농산물(무농약 사용 농산물을 말하며, 화학비료는 권장량의 1/3 수준까지 사용한 농산물), 양액 재배한 무농약 농산물(농약과 화학비료를 사용하지 않은 수경재배 농산물), 전환기 유기농산물(1년 이상 농약과 화학비료를 사용하지 않은 농산물)도 재배 과정에서 농약을 사용하지 않으므로 농약 사용 여부로 본다면 차별화가 없다는 점을 들고 있다. 또 유기물을 사용해 재배한 농산물이 화학비료를 사용해 재배한 농산물과 비교해 건강에 더 이롭다는 연구 결과는 찾아보기 어렵다는 점도 지적하고 있다.

유기농은 환경 측면에서 농약을 사용하지 않으므로 생태계와 생물다양성 측면에서는 긍정적인 효과를 부인할 수 없으나 병해충으로 인해 단위면적당 생산성이 떨어지는 경우가 많다. 그

점을 보완하려면 경지면적이 그만큼 늘어나야 하는데 이것이 오히려 환경파괴를 야기한다는 주장도 다소 있다.

유기농에 대해서는 이처럼 환경, 건강, 생산성 측면에서 연구와 논란이 많은 편이다. 하지만 온실가스 측면에서는 연구와 논의가 많지 않은데 이를 이산화탄소 감축 측면에서 접근하면 큰 의의가 있다. 우선 농약이나 화학비료 제조과정에서 이산화탄소를 배출하는 화석연료가 사용되므로 농약과 화학비료를 배제한 유기농은 이산화탄소의 배출량 감소와 직결된다.

유기물 사용에 따른 토양 속 이산화탄소 저장은 특히 돋보이는 효과다. 보통 농지의 작물들은 비료에 포함된 탄소, 질소 성분 등을 흡수하여 성장한다. 이때 작물은 비료의 일부만 흡수하고 나머지는 이산화탄소나 메탄 등의 온실가스로 발생해 대기중에 배출되거나 토양에 축적된다. 이런 과정으로 탄소의 투입량이 방출량을 상회하게 되면 탄소가 농지토양에 축적된다.

일본의 경우 전국 농지토양에 퇴비나 볏짚 등 유기물을 시용하면 화학비료만을 시용한 경우와 비교해 연간 저장할 수 있는 탄소량이 약 220만 t 증가한다고 한다. 물론 유기물의 시용에 따라 논 토양에서 탄소 환산으로 17만~27만 t의 메탄이 발생한다. 저장 탄소량에서 메탄량을 차감하면 탄소 저류량은 연간 193만~204만 t 증가하게 되므로 유기농은 이산화탄소 감축농업이라 말할 수 있다.

유기농은 저탄소농업이다.

결국 유기농과 이산화탄소 감축을 위한 농법은 비슷하지만 유기농산물보다는 탄소 감축 측면에 비중을 두고 생산하고 마케팅을 펼치는 농산물은 온실가스 감축이라는 명분은 있으나 사람들에게 건강에 좋다는 인식이 형성되어 있는 유기농산물에 비해 소비 확대가 어려운 실정이다.

이를 보완하기 위해서는 '생태계에 좋은 농산물 + 건강에 좋은 농산물 = 유기농산물'이라면 유기물을 사용해 탄소를 감축해 생산한 농산물은 '생태계에 좋은 농산물 + 건강에 좋은 농산물 = 탄소 감축 농산물 = 유기농산물'이라는 인식을 만들고 이를 마케팅에 활용해야 한다.

유기농 역시 적정하게 농지를 관리하면 토양은 이산화탄소의 저장량이 늘어난다. 이렇게 늘어난 탄소의 양을 제대로 측정하면 소비자에게 더 정확하게 탄소 감축 효과를 알릴 수 있고, 감축한 탄소의 거래 환경을 만들게 되면 탄소 크레딧◆으로 거래 가능성이 더욱 커진다. 그 가능성이 실현되면 농가의 수익원이 늘어나고 유기농에 따른 생산량 감축을 보완할 수 있는 등 농가의 새로운 재원 창출 가능성이 만들어지게 되는 것이다.

유기농과 유기물 시용에 의한 탄소 감축농업은 각각이 아닌 서로 함께 활용할 때 시너지 효과가 높아지고, 그렇게 유기농이 증가할수록 토양의 탄소저장량이 늘어나 온실가스 감축 효과가 나타난다. 따라서 유기농산물의 소비 증가는 유기농과 탄소 감축을 촉진하게 되므로 유기농으로 생산한 과일, 채소 등의 농산물의 소비 확대를 위한 노력은 결국 이산화탄소 감축에 기여할 수 있는 일석이조의 효과를 얻는다.

◆ 온실가스의 배출 삭감 또는 흡수하는 프로젝트를 통해 생성되는 배출 삭감·흡수량을 가치화(보이는)한 것으로, 기업 등이 주로 탄소상쇄에 이용하기 위해 거래하는 것을 말한다.

농업에서 배출되는 온실가스

1

국내 농업에서의 온실가스 배출량 추이

지속적으로 증가하던 전 세계 온실가스GHGs 배출량에 변화가 생기고 있다. 2019년 세계 온실가스 배출량은 1990년보다 약 59%, 2000년보다 44% 증가했다. 세계 온실가스의 증감률은 2012년부터 2019년까지 연평균 1.1%씩 증가했는데 이는 21세기 첫 10년의 연평균 2.6%보다 현저히 낮은 성장률이다.

2019년 기준 온실가스 세계 6대 배출국은 중국(27%), 미국(13%), 유럽연합EU-28(8%), 인도(7%), 러시아 연방(5%), 일본(3%) 순으로 이들이 세계 온실가스 배출량의 62%를 차지하고 있다. 이 국가들의 2019년 온실가스 배출량 변화는 유럽연합(-3.0%), 미국(-1.7%), 일본(-1.2%) 순으로 감소했고 중국(+3.1%), 인도(+1.4%), 러시아 연방(+0.9%)은 그 배출량이 증가했다.

2019년 기준 세계 온실가스 총배출량은 52.4GtCO_2eq.이며 종류별 증감은 전년 대비 이산화탄소 0.9%, 메탄 1.3%, 아산화질소 0.8%가 증가했으며 불소화 가스Fluorinated Gases의 배출량은 약 3.8% 증가했다◆.

우리나라의 2020년 국가 온실가스 총배출량은 656.2 $MtCO_2eq$.으로 1990년 대비 124.7%, 전년 대비 -6.4% 증가한 수준이다. 1990년 대비 온실가스 배출량 변화는 산업공정 137.4%, 에너지 137.2%, 폐기물 60.9%, 토지 이용, 토지 이용 변화 및 임업LULUCF: Land Use, Land Use Change and Fores 분야가 -0.2%◆◆, 농업 0.4% 순이다.

농업 분야의 2020년 온실가스 배출량은 국가 총배출량의 3.22%로 각 산업부문에서 비율이 가장 낮으며 증감률 또한 1990년 대비 0.4%로 사실상 큰 변화가 없다. 농업에서 부문별 온실가스 배출량(단위: $MtCO_2eq$.)은 2020년 기준 벼 재배(5.7), 농경지 토양(5.6), 가축 분뇨처리(5.0), 장내발효(4.7), 작물잔사 소각(0.02) 순으로 많다.

2020년 농업 분야별 온실가스 배출량 변화는 1990년 대비 가축 분뇨처리(75.4%), 장내발효(60.2%), 농경지 토양(21.7%), 벼 재배(-45.9%), 작물잔사 소각(-44.5%) 순으로 많다. 농업 전체 부문에서 2020년 온실가스 배출량은 1990년과 비교해 0.4% 증가로

◆ 출처: Trends in Global CO_2 and Total Greenhouse Gas Emissions; 2020.

◆◆ 배출량 증가에 따른 것이 아닌 흡수량 감소에 의한 것

연도별 온실가스 배출량

단위: $MtCO_2eq.$

분야	배출량							
	1990	2000	2010	2016	2019	2020	1990년 대비 증감률(%)	2019년 대비 증감률(%)
에너지	240.4	411.8	566.1	602.7	611.6	569.9	137.2	-6.8
산업공정	20.4	50.9	53	53.2	52.2	48.5	137.4	-7
농업	21	21.4	22.1	20.8	21	21.1	0.4	0.4
LULUCF*	-37.8	-58.4	-53.8	-45.6	-37.7	-37.9	-0.2	0.4
폐기물	10.4	18.8	15.2	16.8	16.5	16.7	60.9	1.3
총배출량	292.2	502.9	656.3	693.5	701.2	656.2	124.7	-6.4
순배출량	254.4	444.5	602.5	648	683.5	618.3	143.3	-6.8

* LULUCF: 토지 이용, 토지 이용 변화 및 임업(Land Use, Land Use Change and Forest)

출처: 환경부 온실가스 종합정보센터

농업 분야 세부 부문별 온실가스 배출량

단위: $MtCO_2eq.$

분야	배출량							
	1990	2000	2010	2016	2019	2020	1990년 대비 증감률(%)	2019년 대비 증감률(%)
장내발효	3	3.4	4.3	4.3	4.6	4.7	60.2	3.4
가축 분뇨처리	2.8	3.9	4.8	4.5	4.9	5	75.4	1.9
벼 재배	10.5	8.9	7.8	6.7	5.9	5.7	-45.9	-3.6
농경지 토양	4.6	5.2	5.2	5.2	5.5	5.6	21.7	1
작물잔사 소각	0.03	0.02	0.02	0.02	0.02	0.02	-44.5	-4.6
총배출량	21	21.4	22.2	20.8	21	21.1	0.4	0.4

출처: 환경부 온실가스 종합정보센터

국가 온실가스 인벤토리

단위: $MtCO_2eq.$

배출, 흡수원	CO_2	CH_4	N_2O	HFCs	PFCs	SF_6	합계
1. 에너지	622.75	6.27					627.91
2. 산업공정	35.17	0.6	0.36	9.3	3.18	8.37	56.97
3. 농업		12.17	9.02				21.19
A. 장내발효		4.47					4.47
B. 가축 분뇨처리		1.39	3.54				4.94
C. 벼 재배		6.3					6.30
D. 농경지 토양			5.47				5.47
E. 사바나		NO	NO				NO
F. 작물잔사 소각		0.01	0.004				0.01
4. LULUCF	–41.6	0.28	0.03				–41.29
A. 산림지	–45.6	NE,NO	NE,NO				–45.6
B. 농경지	3.98	NE,NO	0.03				4.01
C. 초지	–0.02	NE,NO	NE,NO				–0.02
D. 습지	0.04	0.28	NE,NO				0.32
E. 정주지	NE	NE	NE				NE
F. 기타 토지	NE	NE	NE				NE
5. 폐기물	6.81	8.64	1.64				17.09
총배출량							727.63
LULUCF 제외 총배출량							686.35

※ NO: 배출 흡수원이 국내에 존재하지 않는 경우
NE: 산정되지 않는 배출 흡수량

출처: 환경부 온실가스 종합정보센터, 2018.

큰 변화가 없으나 내용 측면에서는 육류 소비 증가로 인해 축산업에서 크게 증가했고 논 면적 감소로 인해 벼 재배에서 크게 감소했다.

온실가스 종류별 배출량(단위: $MtCO_2eq.$)은 농업 분야에서는 이산화탄소의 경우 배출량이 거의 없어 통계로 잡히지 않은 상태다. 메탄은 벼 재배(6.3), 장내발효(4.47), 가축 분뇨처리(1.39), 작물잔사 소각(0.01) 순으로 많았다. 아산화질소는 농경지 토양(5.47), 가축 분뇨처리(3.54), 작물잔사 소각(0.004) 순이다.

이를 종합해 보면 2018년 농업 분야의 온실가스 배출량은 국가 총배출량 중 폐기물을 제외한 각 산업 부분에서 가장 낮고(2.9%), 1990년 대비 1% 증가로 큰 변화가 없는 가운데 가축 분뇨처리, 장내발효, 농경지 토양에서는 증가했으나 벼 재배에서는 감소했다. 온실가스 종류별 배출량은 이산화탄소의 경우 통계적으로 무의미한 가운데 흡수원 역할을 해 상쇄했다.

메탄은 배출량이 많은 벼 재배, 장내발효, 가축 분뇨처리 중 벼 재배는 1990년 대비 40.2%가 감소한 만큼 감축 여지가 적었으며, 축산업에서는 증가 폭이 커 감축 노력에 따른 효과가 클 것으로 나타났다. 아산화질소는 농경지 토양과 가축 분뇨처리가 대부분을 차지했다.

따라서 온실가스 감축 대책은 총배출량에서 농업 분야별 비율이 아닌 농업에서 이산화탄소의 흡수에 의한 상쇄 효과와 낮은 배출량, 식량 제공 등을 고려한 타 산업과의 관계, 부문별 증감률 추이, 감축의 생산성, 농가에 미치는 영향 등 종합적인 측면의 검토를 바탕으로 실행되어야 한다.

2
농업의 두 얼굴, 온실가스 주범 이산화탄소

대기 기체 중 지구온난화에 가장 많은 영향을 미치는 것은 이산화탄소이다. 기후변화에 관한 정부간 패널IPCC 4차 평가 보고서에 따르면 지구온난화의 온실가스별 기여는 이산화탄소 76.7%, 메탄 14.3%, 일산화이질소 7.9%, 오존층 파괴물질인 프론류CFCs, HCFCs 1.1%이다.

온실가스 세계자료센터WDCGG: World Data Center for Greenhouse Gases에 의하면 2020년 세계 평균 이산화탄소 농도는 413.2ppm인데 이는 산업화, 즉 1750년 이전의 평균값으로 예상하는 278ppm에 비해 67.3%가 증가한 수치이다.

2020년 세계 이산화탄소 배출량은 31.5GtCO_2이다. 이는 2018년 배출량 33.5GtCO_2와 비교해 감소한 수치이다. 2020년 국가별 이산화탄소 배출량(단위: MtCO_2)은 중국(9,717), 미국(4,405),

인도(2,191), 러시아(1,619), 일본(979), 이란(619), 독일(617), 한국(570), 인도네시아(566), 캐나다(516), 사우디아라비아(492), 남아프리카공화국(395) 순으로 우리나라 이산화탄소 배출량은 세계에서 여덟 번째로 많다. 2017년 우리나라 온실가스 총배출량 순위는 중국, 미국, 인도 등에 이어 11위였으며, OECD 회원국 중에서는 5위에 해당한다.

우리나라 온실가스 총배출량 중 온실가스 종류별 비율을 보면 이산화탄소가 91.4%로 가장 높다. 실질적으로 이산화탄소가 온실가스의 주범이라 할 수 있지만 농업 분야에서 이산화탄소의 총배출량은 농경지 3.98MtCO_2eq., 습지 0.04MtCO_2eq.으로 그 양이 미미하다. 오히려 산림지에서 45.6MtCO_2eq., 초지에서 0.02MtCO_2eq.을 흡수하므로 농업에서는 배출량을 상쇄하고도 41.6MtCO_2eq.을 흡수한다.

농업에서는 이산화탄소의 흡수 비율이 높은 것과 함께 긍정적인 효과도 있다. 일반적으로 배출한 이산화탄소의 30%는 육상식물이, 23%는 해양이 흡수하고 나머지 47%는 대기 중에 머문다. 농작물을 비롯해 식물은 광합성을 통해 이산화탄소를 흡수(포집)해서 식물의 생장에 필요한 원료와 탄수화물을 만든다. 그래서 이산화탄소 농도가 상승하면 광합성 속도도 증가해 작물의 생육이 빠르고 과실의 생산도 증가한다. 이것은 '이산화탄소 시비 효과'로 시설원예 등에서 사용하고 있는 기술이다.

딸기 시설재배에서 탄산시비 장치

토마토의 경우 이산화탄소 농도가 300ppm 이하일 경우 생육이 급격히 감소하며, 1,000ppm 이상일 경우에는 생육이 20% 정도 증가하며, 1,500~2,000ppm에서는 이산화탄소 과잉 증상이 나타난다. 현재 세계 평균 이산화탄소 농도가 400ppm 전후라는 점을 감안하면 이산화탄소 증가는 작물의 생산성 향상에 도움이 된다.

따라서 농업에서는 지구온난화 기여가 높은 이산화탄소의 배출 방지 못지않게 이산화탄소를 흡수하여 고정하는 농법과 기술을 통한 수익 창출은 물론 대기 중의 이산화탄소를 포집하여 시설 내 이산화탄소 농도를 높여 생산성을 향상시키는 기술 등에도 비중을 두어야 한다. 지구온난화 시대를 맞이해 이제 농업은 이산화탄소를 능숙하게 다루고 활용해야만 성장할 수 있는 시대가 도래했기 때문이다.

3
농업 온실가스 감축, 메탄에 달려있다

지구온난화의 온실가스별 기여는 이산화탄소 76.7%, 메탄 14.3%, 아산화질소 7.9%, 오존층 파괴물질인 프론류 1.1%이다◆. 이산화탄소가 지구온난화 기여가 높음에 따라 온실가스 감축 논의에서는 이산화탄소를 비중 있게 다루고 있다.

우리나라의 2018년 온실가스 총배출량 비율에서도 이산화탄소는 91.4%로 가장 많았지만 농업에서는 4.02MtCO_2eq.인데 흡수된 양을 제외하면 -41.6MtCO_2eq.으로 배출량보다 흡수량이 많다. 농업 분야에서는 이산화탄소 배출량이 흡수량보다 적으나 2018년 우리나라 산업별 온실가스 총배출량 구성 비율은 에너지 86.9%, 산업공정 7.8%, 농업 2.9%, 폐기물 2.3%이다.

◆ 출처: 기후변화에 관한 정부간 패널 제4차 평가 보고서

우리나라 농업에서는 온실가스 주범이라 할 수 있는 이산화탄소 배출량이 통계적으로 미미함에도 온실가스 총배출량 비율에서 농업이 2.9%를 차지한 이유는 메탄과 아산화질소(9.02Mt CO_2eq.)의 배출이 많기 때문이다.

2018년 우리나라 온실가스 총배출량 중에서 메탄만을 떼어놓고 보면 배출량은 2018년 기준 27.44MtCO_2eq.으로 국내 전체 온실가스 배출량의 3.8%를 차지한다. 산업별 배출량은 농업 12.17MtCO_2eq., 폐기물 8.64MtCO_2eq., 에너지 6.27MtCO_2eq., 산업공정 0.36MtCO_2eq. 순으로 많다.

농업 분야에서 메탄 배출량은 벼 재배가 전체 배출량의 22.7%, 장내발효와 축산 분뇨가 21.1%를 차지한다. 농업에서 발생한 온실가스는 메탄이 주이고 아산화질소가 부이며, 이산화탄소는

농업 분야에서 메탄 배출은 벼 재배와 함께 반추동물의 장내발효 배출량의 비율이 높다.

매우 미미함을 통계를 통해 알 수 있다.

메탄은 배출량 측면에서 이산화탄소와 비교해 매우 적으나 이산화탄소와 같은 중량일 때의 온실효과는 수십 배에 이른다. 즉, 메탄이 이산화탄소의 몇 배의 온실효과를 갖는지를 나타내는 수치가 온난화계수GWP인데 이산화탄소와 메탄을 100년간 비교했을 때 온난화계수GWP-100는 28배이며 20년간 온난화계수GWP-20는 약 84배이다◆.

메탄은 온난화계수가 높으나 대기 중 잔류 수명은 약 10년으로 이산화탄소의 약 100년과 비교하면 매우 짧은 편이라 메탄 배출량을 줄이면 이산화탄소 감축보다 단기간에 온실가스 감축 효과를 거둘 수 있다.

2021년 영국 글래스고에서 열린 제26차 유엔 기후변화협약 당사국 총회COP26에서는 메탄의 이러한 특성과 배출량을 감안해 100개국 이상이 2030년까지 메탄 배출량을 2020년 수준보다 30% 이상 줄이겠다는 국제메탄서약Global Methane Pledge에 동참했다.

우리나라도 국제메탄서약에 동참함에 따라 2030년까지 메탄 배출량을 2020년 수준보다 30% 이상 줄여야 하기에 전체 메탄 배출량의 44.35%를 차지하는 농업은 메탄의 덫에 걸린 신세가

◆ 출처: Earth Syst. Sci. Data, 12(3):1561–1623.

되었다. 이 덫을 벗어나기 위해서는 메탄 배출량의 정확한 측정과 데이터화, 메탄 감축을 위한 농업기술 개발, 관련 시설 구축 등의 노력을 통해 농업의 생산성 저하 공백 없이 메탄 배출량 감축에 성공해야 하는 과제를 안고 있다.

4
COP26 국제메탄서약의 농업적 의미

2021년 영국 글래스고에서 열린 제26차 유엔 기후변화협약 당사국 총회COP26에서는 2030년까지 메탄 배출량을 2020년 수준보다 30% 이상 줄이겠다는 국제메탄서약이 가장 주목을 받았으며 100개국 이상이 이 서약에 동참했다.

메탄은 가장 간단한 탄화수소 기체로 대기 중 주요 온실가스이다. 유엔의 〈기후변화에 관한 정부간 패널IPCC〉 보고서에 따르면 세계 온실가스 배출량의 64%는 이산화탄소이고 메탄은 약 17%로 두 번째로 많다.

메탄의 지구온난화지수GWP는 100년 기준으로 이산화탄소의 28배이며, 20년 기준으로 84배에 이른다. 메탄은 지구온난화에 약 30%(기온 0.5℃ 상승) 정도 기여하는 원인 물질이다. 다만 이산화탄소가 대기 중 최대 200년까지 머무는 데에 비해 메탄은 9~10년의 짧은 기간만 머문다. 국제메탄서약을 준수할 경우 2050년까지 예상되는 지구온난화를 최소 0.2℃ 줄일 수 있게 된다.

메탄 발생원은 세계적으로 농업이 40%, 화석연료 35%, 폐기물 25% 정도로 농업의 비중이 높다. 농업의 비중이 높은 만큼 COP26의 국제메탄서약은 농업과 떼어놓을 수 없게 되었고 식품과도 밀접한 관련이 있기에 농업적 의미가 크다고 할 수 있다.

농업에서 메탄 배출은 육류 생산, 벼 재배, 폐기물 등에서 주로 나온다. 특히 가축은 농업에서 발생하는 온실가스 생산량의 약 60%를 차지하며 그 자체로도 전 세계적으로 메탄을 가장 많이 생산하는 부문 중 하나이다.

육류 생산의 전체 사슬은 메탄 배출물을 생산하는 활동으로 가득 차 있다. 옥수수와 사료용 콩 재배에 사용하는 비료를 포함한 사료 생산은 메탄의 엄청난 배출원이다. 가공 및 운송에서도 배출물이 발생하며 소 트림 또한 주요 메탄 발생원이다.

국제메탄서약은 이처럼 농업과 떼어놓을 수 없고, 농업에 미치는 파장도 크며, 농업의 패러다임 변화를 촉진시키는 계기가 될 것으로 예상된다. 국제메탄서약 발표 이후 녹색 운동가들은 이를 환영했으나 인류의 식량 생산 관련 업계의 차질은 물론 축산업 관련 업계의 우려감도 커지고 있는 가운데 각국과 기관, 기업체에서는 대책을 서두르고 있다.

우리나라에서 농업의 메탄 발생원은 산업 부문, 에너지 전환에 이어 세 번째로 많으므로 감축을 위해서는 농업 부문을 빼놓을 수가 없다. 대통령 소속 '2050 탄소중립위원회'에서는 "작물 생산, 사육 과정에서 생물 작용에 의해 온실가스가 발생하므로 타 산업 분야와 달리 완전한 감축이 불가능하다"고 했다. 그러나 메탄 배출량에서 농업 부문의 비중이 크다는 점에서 국제메탄서약이 우리 농업에 미치는 파장은 생각보다 클 수 있다. 실제로 2021년 연말에 발표한 정부의 '2050 농식품 탄소중립 추진 전략'에는 강도 높은 목표가 설정되어 있다.

우리나라에서는 주곡인 벼 재배를 통해 배출되는 메탄 배출량 비중이 큰 가운데, 축산업도 메탄 발생원과 밀접한 관련성이 있으며 이들을 원료로 만들어지는 식품도 메탄 배출 사슬에 걸려있다. 그러므로 앞으로는 작물의 재배, 가축의 사육, 식품의 제조와 유통에 이르기까지 메탄 배출을 감축하기 위한 정책적, 환경적 압력이 거세질 것이다. 농산물의 판매 과정에서도 생산 과정에서 메탄 감축을 위한 농법의 이력이 가격에 영향을 미치는 사회로의 전환 또한 예상된다.

따라서 이제는 한국 농업에서 메탄 감축은 피할 수 없는 시대적 과제가 된 만큼 국제메탄서약을 위기가 아닌 기회로 삼아야 한다. 메탄 배출 감축을 위한 농업의 연구개발, 메탄 배출이 적은 가축의 육종, 농업의 다양한 현장에서 메탄 배출을 쉽게 측정하고 계량화할 수 있는 시스템과 스마트 기기의 개발, 모니터링 기술 개발과 지원, 메탄 감축 인증제의 제도적 확립과 선점 등으로 국제사회를 향한 한국 농업의 새로운 경쟁력을 높여야 한다.

5
제2의 농업 온실가스, 아산화질소

아산화질소는 지구온난화의 원인이 되는 온실가스 중에서 이산화탄소, 메탄 다음으로 배출량이 많다. 우리나라 농업에서 배출되는 온실가스의 제1주범은 메탄이며, 그다음이 아산화질소이다. 아산화질소는 일산화질소와 이산화질소처럼 질소와 산소의 화합물로 세계적으로 농업에서 배출되는 아산화질소의 양이 70%가 될 정도로 그 비율이 높다.

아산화질소는 주로 질소 기반 비료가 미생물인 질화균이나 탈질균에 의해 변화하는 과정에서 생성되는 가스이다. 아산화질소는 대기 중에서는 그 농도가 낮으나 단위농도당 온난화를 초래하는 능력, 즉 지구온난화계수가 높다. 대기 온난화에 미치는 영향은 같은 양의 이산화탄소와 비교해 300배 정도이며 대기에 유입되면 최대 125년 동안 존재한다. 전 세계적으로 인간 활동에 의해 배출되는 아산화질소는 총배출량의 43% 정도 된다. 대기 중의 아산화질소 농도는 1750년 270ppb(10억 분율, 1ppb = 0.0000001%)였던 것이 2019년에는 약 332ppb로 증가했으며, 1980년부터 2016년 사이에는 30% 증가했다.

2018년 세계 총 아산화질소 배출량은 CO_2 환산 298만 t(1미터톤은 1,000kg에 해당)으로 추산되며, 배출량 상위 5개국인 중국, 인도, 미국, 브라질, 인도네시아가 44.2% 차지한다. 중국은 세계 아산화질소 총배출량 1위 국가로 전 세계 배출량의 18.05%를 차지한다. 브라질, 인도에서도 아산화질소 배출량의 증가가 크게 두드러졌는데 작물 생산 및 가축 수의 급증과 관련 있었다.

아산화질소의 배출원은 질소비료의 시용과 가축 분뇨에 의한 비율이 높고 이외에는 연료가 연소할 때 발생하는데 이는 오염물질을 줄이기 위한 촉매 변환기로 크게 줄일 수 있다.

합성 상업용 비료를 만드는 데 사용하는 질산과 같은 화학물질의 생산과 나일론 같은 섬유를 만드는 데 사용하는 아디프산 Adipic Acid과 기타 합성 제품의 생산 과정에서도 부산물로 생성되곤 한다. 요소, 암모니아, 단백질의 형태로 존재하는 질소의 질화 및 탈질화에 의해 가정용 폐수 등에서도 생성된다.

2018년 기준 우리나라 아산화질소 배출량은 14.4MtCO_2eq.이며, 전체 온실가스에서 차지하는 배출량 비율은 2.0%이며, 증가율은 1990년 대비 62.9%, 전년 대비 3.5% 증가했다. 미국에서

아산화질소는 질소질 비료의 시비와 가축 분뇨에 의한 배출 비율이 높다.

는 2019년을 기준으로 인간 활동으로 인해 발생한 아산화질소 배출량이 미국 전체 온실가스 배출량의 약 7%를 차지한다.

산업 부문별 아산화질소 배출량(단위: $MtCO_2eq.$)은 농업 9.02, 에너지 3.36, 폐기물 1.64, 산업 공정 0.36, 토지 이용, 토지 이용 변화와 임업LULUCF: Land Use, Land Use Change and Fores 분야 0.03 순으로 농업에서 그 배출량이 가장 많다.

2018년 기준 아산화질소는 전체 배출량 중 농경지 토양에서 배출한 것이 38.1%, 가축 분뇨처리 과정에서 배출한 것이 24.7%이다.

아산화질소의 발생은 국내외를 막론하고 농업 생산과 깊이 관련되어 있다. 20세기에 대기 질소로부터 합성되는 암모니아를 원료로 하는 비료를 제조해 사용한 뒤부터 식량 증산과 함께 아산화질소 또한 크게 증가했다.

이렇듯 식량 증산과 관련성이 높은 아산화질소이기에 "2050년까지 온실가스의 배출을 전체적으로 제로로 만든다"라고 했을 때 식량의 안정적 공급에도 부정적인 영향을 미칠 수 있는 트레이드오프Trade-off◆의 문제가 생길 수 있다는 우려도 있다. 그런 가운데 식량 생산의 감소 없이 아산화질소를 줄이기 위한 다양한 연구들도 활발하게 이루어지고 있다.

국내에서도 역시 농업 생산성을 무조건 배제한 아산화질소 감축보다는 대안 마련에 비중을 두면서 감축해 나가고 이를 국제적으로도 긍정적으로 활용하는 방향으로 대응해야 한다.

◆ 두 개의 목표 가운데 하나를 달성하려 하면 다른 목표의 달성이 늦어지거나 희생되는 경우의 양자간의 관계

6
농식품 분야 온실가스 감축 목표량과 수단

정부는 2021년 말 '2050 농식품 탄소중립 추진전략'을 발표했다. 이에 따르면 정부는 2030년까지 농축산 분야 온실가스를 585만 8,000t 감축하고, 2050년까지는 824만 3,000t을 감축하겠다는 계획이다.

국가 온실가스 인벤토리◆에 의하면 2018년 농업 부문 온실가스 배출은 이산화탄소의 경우 집계된 자료가 없으며, 메탄은 1200만 1,700t이며, 아산화질소는 900만 200t으로 총 2100만 1,900t이다. 이것을 감안할 때 감축 목표량은 매우 많은 수치다.

특히 2018년 온실가스 배출은 1990년 대비 산업공정의 경우 178.7%, 에너지는 163.1%인데 비해 농업은 1% 증가했으며, 산

◆ 출처: 환경부 온실가스 종합정보센터, 2018.

업별 온실가스 배출에서 차지하는 비율은 2.9%에 불과하다. 온실가스의 증감율과 산업별 비율을 고려하면 농식품 분야 온실가스 목표량은 타산업과 형평상 맞지 않을 뿐만 아니라 가혹한 처사라고까지 말할 수 있을 정도다.

더욱이 메탄의 배출량은 벼 재배(600만 3,000t), 장내발효(400만 4,700t), 가축 분뇨처리(100만 3,900t), 작물잔사 소각(100t) 순으로 많은데 벼 재배의 경우 2018년 배출량은 1990년 대비 증가율은 -40.2%로 쥐어짜 봐도 감축의 여지가 크지 않다.

아산화질소 배출량은 농경지 토양(500만 4,700t), 가축 분뇨처리(300만 5,400t), 작물잔사 소각(40t) 순으로 많은데 배출량은 질소비료 시용과 가축 분뇨와 관련성이 높다. 질소비료의 시용은 작물의 생산성과 직접적인 관련이 있고 가축 분뇨 부분에서 배출을 감소시키기 위해서는 새로운 시설을 만들어야 한다.

정부의 농식품 탄소중립 추진전략은 저탄소 농업구조로 전환하면서 벼 재배와 가축사육 등 생산 과정에서 발생하는 온실가스를 최대한 감축한다는 내용을 담고 있다. 문제는 이것들이 생산성의 문제와 직결되어 있고 비용이 수반되는 것들이라는 점이다.

정밀농업을 전체 경지면적의 60%, 친환경 농업 면적 30% 확대 등 구호에 앞서 국내 실정에 맞는 감축 수단과 모니터링 기술개발, 감축 시설지원, 농업 환경 직불금, 탄소 배출권 거래제,

농식품 분야 온실가스 감축 목표량과 수단

단위: t

배출원	감축 목표		감축 수단
	2030년	2050년	
벼 재배	54만	54만	농업용수 이용 효율화, 논물 관리 체계 구축
농경지	200만 8,000	226만 9,000	바이오차 보급, 비료 감축·시비 처방 확대
장내발효	75만 1,000	107만 5,000	저메탄 사료 개발
가축 분뇨	205만 8,000	235만 5,000	가축 분뇨 에너지화 시설 확충
생산성 향상	45만 2,000	177만 3,000	저탄소 미래형 식자재 공급기반 구축
에너지	4만 9,000	23만 1,000	시설원예·축산 에너지 저감, 농기계 에너지 전환
합계	585만 8,000	824만 3,000	

저탄소 농축산물의 유통환경 개선 등 탄소중립 추진전략에 맞춘 정책개발과 지원 등에 의해 농가의 생산성이 향상되도록 노력해야 한다. 농가야 온실가스 배출이 감소하고 기존의 농법과 비교해 생산성이 높아진다면 하지 않을 이유가 없고, 농가가 온실가스 감축에 적극적으로 나선다면 감축 목표량을 달성하는 일 또한 어렵지 않을 것이다.

온실가스와 지속 가능한 농업 관련 용어

1
농업에서 온실가스 관련 용어

지구온난화 원인 물질인 온실가스의 감축 필요성이 강조되면서 다양한 용어들이 등장하고 있다. 용어들이 다양해짐에 따라 용어 간 뜻을 혼동하거나 정보 제공, 수용과 사용에 오류가 생길 수 있어 이를 제대로 알아두는 것이 좋다.

지구온난화Global Warming는 기후온난화라고도 하며 온실효과에 의해 19세기 후반부터 시작된 전 세계적인 바다와 지표 부근 공기의 기온 상승을 의미한다. 온실효과Greenhouse Effect는 지구로 들어온 태양열이 나가지 못한채 순환하는 현상이다. 즉, 지구온난화는 온실가스들이 일으키는 효과들로 인하여 우주로 다시 나가야 할 열들이 나가지 못하고 지구에 계속 머무르게 되는 현상이다.

온실가스GHGs는 지구온난화의 원인이 되는 대기 중 가스 형태의 물질이며, 지표면에서 반사하는 복사에너지를 흡수해 지구 온도를 높이는 온실효과를 일으키는 6대 가스이다. 교토의정서에서 규제대상으로 규정한 6대 온실가스는 이산화탄소, 메탄, 아산화질소, 수소불화탄소, 과불화탄소, 육불화황이다.

온실가스 중에서도 이산화탄소의 양이 가장 많아 온난화에 가장 큰 영향을 미치므로 이산화탄소를 기준으로 다른 온실가스가 지구온난화에 기여하는 정도를 수치로 표현한 것이 지구온난화지수GWP: Global Warming Potential다. 즉, 지구온난화지수는 이산화탄소 1kg과 비교할 때 특정 기체 1kg이 지구온난화에 얼마나 영향을 미치는지 측정하는 지수다.

지구온난화지수를 기준으로 다양한 온실가스의 배출량을 비교하기 위한 지표로는 유럽연합 통계 기관인 유로스타트Eurostat에서 공식적으로 정의한, 일명 이산화탄소 등가물인 CO_2e (CO_2eq : Carbon Dioxide Equivalent라고도 함)가 사용된다. 이것은 다양한 온실가스의 배출량을 등가의 이산화탄소 양으로 환산한 것으로 이산화탄소 외 다른 온실가스를 설명하는 데 사용한다. 온실가스 배출 보고서는 보통 배출원과 배출량을 체계적으로 구성해 리스트를 만드는데 이것을 온실가스 인벤토리Greenhouse Gases Inventory라고 한다.

지구온난화에 가장 큰 영향을 미치는 온실가스는 이산화탄소이므로 탄소중립, 탄소감축 등의 용어가 많이 사용되곤 하는데 탄소중립Carbon Neutrality은 인간의 활동에 의한 이산화탄소 배출을 최대한 줄이고 남은 이산화탄소는 흡수 또는 제거해서 실질적인 배출량을 0zero으로 만든다는 개념으로 탄소 제로Carbon Zero라고도 한다.

탄소중립이 이산화탄소 순배출을 제로0화시키는 개념인데 비해 기후중립Climate Neutral은 1997년 12월 교토의정서에서 규정한 6대 온실가스 모두의 순배출을 제로화시키는 활동을 의미한다. 기후중립은 넷제로Net-Zero라고도 하는데 탄소중립과 혼용하여 사용하는 경우도 있으나 명확한 차이가 있다.

이산화탄소와 관련해서는 탈탄소화, 4퍼밀 이니셔티브, 탄소발자국이라는 용어가 있다. 탈탄소화Decarbonize는 에너지 생산과 소비과정에서 배출되는 탄소를 줄이고 제로 탄소 배출로 나아가는 모든 과정을 의미하며 농업에서도 탈탄소화 농업이라는 용어가 사용되기도 한다.

4퍼밀 이니셔티브4/1000 이니셔티브: 4 Per Mille Initiative는 2015년 프랑스 파리에서 열린 제21차 유엔 기후변화협약 당사국 총회COP21에서 프랑스 정부가 제창한 용어로 "전 세계 토양에 존재하는 탄소의 양을 매년 4퍼밀4/1000씩 늘릴 수 있다면 대기 중의 이산화탄소 증가량을 제로0로 억제할 수 있다"는 말에서 생겨났다.

탄소발자국Carbon Footprint은 2006년 영국의회 과학기술처POST에서 처음 사용한 용어로 사람의 활동이나 상품 생산과 소비의 모든 과정을 통해 직접적 또는 간접적으로 배출되는 온실가스 배출량을 이산화탄소로 환산한 총량이다.

이외에 탄소 배출권과 온실가스 배출권 거래제가 있다. 탄소 배출권Carbon Credit은 1t의 이산화탄소 또는 동등한 양의 다른 온실가스를 방출할 수 있는 권리를 나타내는 거래 가능한 증명서 혹은 허가에 대한 일반적인 용어이다. 온실가스 배출권 거래제 GHGs Emissions Trading Scheme는 정부가 온실가스를 배출하는 사업장을 대상으로 연단위 배출권을 할당하여 할당 범위 내에서 배출 행위를 할 수 있도록 하고, 할당된 사업장의 실질적 온실가스 배출량을 평가하여 여분 또는 부족분의 배출권에 대해서는 사업장 간에 거래를 허용하는 제도이다.

탄소 농업Carbon Farming은 토양과 목초지에 저장된 탄소의 양을 늘려 격리하는 것과 가축, 토양, 초지에서 온실가스 배출을 줄이기 위해(회피) 행하는 농업이라 할 수 있다.

온실가스와 관련된 주요 용어

용어	정의
방법론	온실가스 감축량의 계산 및 모니터링을 위하여 적용하는 기준, 가정, 계산 방법 및 절차 등을 기술한 문서이다.
배출 시설	온실가스를 대기에 배출하는 시설물, 기계, 기구, 그 밖의 물체로서 각각의 원료(부원료와 첨가제를 포함한다) 또는 연료가 투입되는 지점부터 해당 공정 전체를 의미한다.
배출 허용량	연간 배출 가능한 온실가스의 양을 이산화탄소 무게로 환산하여 나타낸 것으로서 부문별, 업종별, 관리업체별로 구분하여 설정한 배출상한치이다.
배출 허용 총량	연간 배출 가능한 온실가스 양으로 배출상한의 최대치이다.
상쇄등록부	외부사업 방법론, 외부사업 등록 및 감축량 인증 등 일련의 과정을 지속적이며 체계적으로 관리하기 위한 전자 방식의 시스템이다.
온실가스 감축량	국제 기준에 부합하는 방식으로 감축, 흡수, 제거하는 사업을 통해 감축되는 양이다.
외부사업	배출권 거래제 할당 대상업체 조직 경계 외부의 배출시설 또는 배출 활동 등에서 국제적 기준에 부합하는 방식으로 온실가스를 감축, 흡수, 제거하는 사업이다.
인증실적(KOC)	탄소 배출권 할당 대상업체가 조직경계 외부의 온실가스 배출시설 또는 배출 활동 등에서 국제적 기준에 맞는 방식으로 온실가스 감축, 제거 사업을 수행하고 그 실적을 인증받은 것이다.
할당 대상업체	관리업체 중 최근 3년간 온실가스 배출양의 연평균 총량이 12만 5,000tCO_2eq. 이상인 업체이거나 2만 5,000tCO_2eq. 이상인 사업장의 업체 또는 관리 업체로서 할당 대상 업체로 지정받기 위하여 신청한 업체이다.

출처: 농업기술실용화재단, 2018.

2
온실가스 감축을 나타내는 용어

온실가스 감축의 시급성이 높아지면서 혼란스러울 정도로 다양한 용어들을 사용하고 있다. 탄소감축 정도와 관련해서도 카본 뉴트럴리티, 카본 프리, 카본 포지티브, 카본 네거티브, 카본 오프셋 등 다양한 용어들을 사용하고 있어 탄소 농업의 활용을 위해서는 이에 대한 정확한 의미 파악이 요구되고 있다.

먼저 카본 뉴트럴리티Carbon Neutrality는 탄소중립炭素中立으로 해석하며, 배출량과 흡수량이 플러스 마이너스 제로0의 상태가 되는 것을 말한다. 이것은 크게 두 가지 문맥에서 사용하는데 하나는 사회나 기업에서 생산활동 과정 중 어쩔 수 없이 발생하는 이산화탄소 배출분을 탄소 배출권의 구입 등에 의해 상쇄해서 실질적으로 제로 상태로 만드는 것이다. 다른 하나는 식물 유래의 바이오매스 연료 등을 사용하면 연소 시에 이산화탄소가 배출되나 식물의 성장 과정에서 광합성에 의해 이산화탄소를 흡수하였으므로 실질적으로 이산화탄소의 배출량은 제로가 되는 것이다. 탄소중립은 현재 많은 나라에서 적극적으로 추진하고 있다.

다양한 탄소중립 인증 로고

카본 프리Carbone Free는 2020년 9월 미국 IT 기업 구글Google이 "2030년까지 자사의 사무실이나 전 세계 데이터센터에서 사용하는 에너지의 100% '카본 프리'화를 목표로 한다"고 발표해 화제를 모았던 용어로 쉽게 말하자면 이산화탄소를 배출하지 않겠다는 뜻이다. 구글에서는 데이터센터 등에서 재생가능 에너지를 이용해 오고 있으나 24시간 내내 재생 가능 에너지를 이용할 수 있는 체제가 갖춰져 있지는 않다. 그래서 에너지의 100% '카본 프리'화는 그동안 날씨나 지역에 따라 부족해진 청정에너지를 구입해 보충했는데 2030년까지는 자체적인 청정에너지를

24시간 운영하겠다는 것이다.

구글이 카본 프리를 발표해 화제를 모았다면 마이크로소프트Microsoft는 2020년 1월 "2030년까지 카본 네거티브를 목표로 한다"고 블로그에서 선언한 뒤 주목받은 용어다. 카본 네거티브Carbon Negative는 라이프사이클 전체를 봤을 때 온실가스, 특히 이산화탄소가 배출되는 양보다 흡수되는 양이 많은 상태를 나타내는 말이다.

마이크로소프트가 카본 네거티브를 사용한 데 비해 유니레버Unilever, 파타고니아, IKEA 등의 기업에서는 카본 포지티브Carbon Positive라는 용어를 사용하고 있다. 이는 카본 네거티브와 상반되는 용어이기에 정반대의 의미로 받아들이기 쉬우나 카본 포지티브는 카본 네거티브처럼 이산화탄소의 흡수량이 배출되는 양보다 많은 것을 나타낸다.

최근 사용 빈도가 높아진 카본 오프셋Carbon Offset은 '탄소상쇄'로 배출된 이산화탄소를 상쇄하는 것이다. 일상생활이나 경제활동을 영위하는 과정에서 배출되는 온실효과 가스의 양을 다른 장소에서 삭감·흡수하는 것이다. 나무 식재나 삼림 관리 등에 의해 이산화탄소 흡수를 촉진하는 방법, 재생 가능 에너지 이용이나 에너지 절약 기기의 도입 등으로 온실가스를 삭감하는 방법 등이 있다. 이러한 방법들은 어디까지나 온실가스를 최대한 배출하지 않기 위해 노력한 다음, 그래도 발생하게 되는 이산화탄소를 다른 수단을 사용해 삭감하는 것이 그 목적이다.

카본 오프셋에는 크레딧Credit이라는 용어를 사용한다. 크레딧은 신용거래란 뜻으로 재생 가능 에너지의 도입이나 에너지 효율이 좋은 기기의 도입, 혹은 수목 식재 등에 의한 삼림 관리를 실시하는 방법으로 온실가스 삭감·흡수량을 룰에 따라 정량(수치)화하여 시장에서 거래 가능한 형태로 만든 것이며 이 크레딧을 구입하면 카본 오프셋을 할 수 있다.

3
탄소 가격제

탄소 가격제Carbon Pricing란 이산화탄소 배출에 가격을 붙여 시장 메커니즘을 통해 배출을 억제하는 구조를 말한다. 각국 정부는 기업과 같은 이산화탄소 배출 주체에게 온실가스 배출로 인한 외부성 요인을 부담시키는 규제 수단으로써 탄소 가격제를 시행하고 있다.

탄소 가격제에는 탄소세Carbon Tax, 배출권 거래제ETS: Emission Trading System, 탄소 국경 조정세Carbon Border Adjustment Taxes, 크레딧 메커니즘Carbon Crediting Mechanisms 등 몇 가지가 있는데 그중 대표적인 것이 탄소세와 배출권 거래제이다.

탄소세는 이산화탄소를 배출하는 에너지 사용량에 따라 일정액을 부과하는 세금이며, 전통적으로 정부가 가격을 조정하는 '가격 접근법'이다. '배출량 거래제'는 배출 프레임 수급 균형에 따라 시장에서 가격이 결정된다. 이 두 가지는 각각 장단점이 있는데 탄소세의 경우 세율을 나타내므로 가격이 명확하다. 기존 징세 제도를 살리면 행정비용도 줄일 수 있고 정부에서는 세수도 확보할 수 있다는 장점이 있다. 하지만 어느 정도로 배출량을 삭감해야 할지 예측하기 어렵다.

배출량 거래제에서는 미리 배출 프레임을 마련하기 때문에 배출 삭감량을 확실히 전망할 수 있다. 기업이나 시설에 온실가스의 배출 프레임을 정해 배출 프레임 이하 기업과 배출 프레임 이상 배출한 기업과의 사이에서 거래(트레이드)가 가능하다는 장

탄소 가격제 종류와 특징

내용	탄소세	배출량 거래 제도
가격	정부에 의해 가격(CO_2 배출톤당 세액)이 설정된다.	각 주체에 분배된 배출 범위가 시장에서 매매되는 결과 가격이 정해진다.
배출량	세액 수준을 근거로 각 배출 주체가 행동한 결과 배출량이 정해진다.	정부에 의해 전체 배출량의 상한이 설정되고, 각 배출 주체는 시장 가격을 보면서 자신의 배출량과 배출 프레임 매매량을 결정한다.
특징	가격은 고정되지만 배출 감소량에는 불확실성이 있다.	배출 총량은 고정되지만 배출 프레임 가격은 변동 있음.
세계의 도입국 · 지역 수	35	29
주요 도입국 · 지역 ※ 괄호 안은 CO_2 배출 1톤당 탄소 가격, 달러	스웨덴(137), 스위스(101), 프랑스(52), 영국(25), 일본(3)	EU(50), 스위스(46), 캘리포니아주(18), 한국(16), 도쿄도(5), 중국(0)

출처: 2021년 4월 기준 일본 환경성, 세계은행 등 자료

점이 있다. 반면 가격이 변동하고 안정되지 않는 것, 배출 프레임 할당, 경매실시 등 제도 설계가 복잡하고 행정비용이 큰 것은 단점이다.

탄소세와 배출량 거래제, 두 개 중 하나를 선택하는 제도가 아니므로 EU 회원국에서는 배출량 거래 제도로서 유럽연합 배출량 거래제(이하 EU-ETS)를 도입하면서 동시에 탄소세도 마련하고 있다. 대체적으로는 비교적 배출량이 큰 산업 분야에서는 배출량 거래제를 채택하고, 그 이외는 탄소세를 적용하는 등 두 제도를 상호 보완해 채용하고 있는 나라가 많다.

세계은행에 따르면 탄소 배출에 가격을 붙이는 탄소 가격제를 도입 결정한 곳은 2021년 7월 기준 64개국·지역이다. 탄소세는 1990년 핀란드, 폴란드 도입을 시작으로 유럽의 많은 나라에서 도입했다. 2021년 4월 1일 기준 주요 도입국의 이산화탄소 1t 배출당 가격은 스웨덴 137달러, 스위스 101달러, 프랑스 52달러, 영국 25달러, 일본 3달러이다.

배출권 거래는 2002년 영국에서 세계 최초로 도입되어 2005년 개시한 EU-ETS가 대표적인 제도이다. 2021년부터는 EU-ETS가 이미 4단계에 들어가 그 대상 범위는 점점 더 확대되고 있다. 주요 도입국의 이산화탄소 1t 배출당 가격은 EU 50달러, 스위스 46달러, 캘리포니아주 18달러, 한국 16달러, 도쿄도 5달러 등이다.

우리나라는 2015년 1월부터 배출권 거래제를 시행하고 있으며 2019년 기준 배출권 거래량은 3800만 t이다. 중국은 2021년 7월 16일 전국 통일의 배출량 거래제를 시작해 세계 최대 거래시장이 될 전망이다. 일본은 지구온난화 대책세 등을 도입하고 있으나 배출량 거래는 도쿄와 사이타마현이 각각 독자적인 제도를 운영하는 데 그치고 있다.

2020년 시점으로 세계은행의 데이터베이스에 의하면 탄소 가격제가 적용되고 있는 이산화탄소 배출량은 전 세계 이산화탄소 배출량의 22.3%인 $12GtCO_2$이다. 따라서 탄소 가격제는 온실가스 배출의 규제 수단이 되어가고 있는 중이다.

탄소 가격제는 앞으로 모든 산업에서 직간접적으로 경영비를 가중시킬 것으로 예상되며 동시에 이를 활용한 비즈니스 모델들이 생겨나고 있다. 따라서 농업에서도 탄소 가격 제도의 동향 파악, 탄소 가격제를 고려한 대응과 경영계획 최적화 등의 준비가 필요하다.

4
탄소상쇄와 탄소 크레딧

2050년 지구온난화 가스 배출 제로 목표 달성을 위해 정부와 기업은 태양광과 풍력 등 재생가능 에너지 개발과 도입 등 탈탄소 투자를 가속화하고 있다. 하지만 당분간은 석유나 가스와 같은 화석연료를 사용할 수밖에 없다. 발전과 지구온난화 사이의 딜레마를 안고 있는 많은 기업의 온난화 가스 배출을 '실질 제로'로 만들기 위한 유력한 수단인 '탄소상쇄'에 사람들의 시선이 주목되고 있다.

탄소상쇄Carbon Offset는 일상생활이나 경제 활동에서 발생하는 이산화탄소 등의 온실가스 배출량을 가능한 줄이도록 노력하되 어쩔 수 없이 배출해야 한다면 해당 배출량만큼 온실가스 삭감활동 투자 등에 투자해 배출되는 온실가스를 상쇄하는 방식이다.

탄소상쇄의 구조에는 크게 배출량 거래제ETS: Emission Trading System와 탄소 크레딧Carbon Credit으로 구분된다. 배출량 거래제는 철강, 석유 정제 등 규제 대상 업종 기업마다 배출 상한을 할당하고 그 상한선을 초과한 기업은 공적 시장에서 상한에 도달하지 않은 다른 기업의 여유분만큼을 구입한다. 이러한 거래로 초과한 배출량을 '없었던 것'으로 만들어 과징금을 면할 수 있게 된다. 이러한 방식은 '캡 앤 트레이드Cap-and-Trade라고도 부르며 유럽연합에서 많이 활용하고 있다.

우리나라에서도 2010년 1월 '저탄소 녹색성장기본법' 제46조에 의거하여 2012년 5월 '온실가스 배출권 할당 및 거래에 관한 법률'이 제정되어 2015년 1월 1일부터 배출권 거래제도를 시행 중에 있다.

탄소 크레딧(이산화탄소 흡수량 크레딧)은 온실가스의 배출 삭감 또는 흡수하는 프로젝트를 통해 생성되는 배출 삭감·흡수량을 가치화(보이는)한 것으로 기업 등이 주로 탄소상쇄에 이용하기 위해 거래하는 '물건'을 말한다. 즉, 탄소 크레딧은 ETS와 같은 배출량 규제 상한을 기준으로 삼은 것이 아니며 기업과 단체가 에너지 절약이나 탈탄소를 목적으로 이산화탄소를 삭감한 만큼을 크레딧으로 판매하는 방식의 삭감량 거래이다.

탄소 크레딧을 구매한 기업이나 단체는 그만큼 이산화탄소 삭감량이 축적되어 그동안의 배출량을 상쇄했다고 어필할 수 있다. 매매하는 크레딧이 배출 삭감에 해당하는 가치가 있음을 인증해 주는 곳은 국가, 지자체, 민간인증 기관이다. 일반적으로 국가와 지자체 쪽의 심사기준이 더 엄격하다.

탄소 크레딧은 국가나 지자체가 인정하는 공적 크레딧과 민간인증 크레딧으로 구분한다. 민간인증 탄소 크레딧은 EU의 배출량 거래제도와 같은 공적 크레딧 거래의 대상에서 공식적으로 인정되지 않는 경우가 많다. 민간인증 탄소 크레딧을 적극적으로 구매하는 곳은 항공이나 석유 등 이산화탄소 삭감 여지가 적은 업체로 이는 '실질 배출 제로'를 향한 대처로 어필하거나 마케팅 수단으로 활용하는 경우가 많다.

이외에도 탄소 크레딧을 활용하는 사람들은 제품을 제조, 판매, 서비스 제공, 이벤트 주최자 등으로 그들은 제품이나 서비스, 티켓에 크레딧을 붙여 제품 구입자나 이벤트 방문자들에게

탄소 크레딧 시장 개요

구분	국제	국가 · 지역	민간
인증 주체	국제기구	각국 정부 · 지자체	NGO 등
대표 크레딧	CDM	EU-ETS, 캘리포니아주 ETS, J 크레딧	Verra(Verified Carbon Standard), Gold Standard
발행 잔고 ($MtCO_2$, 2020년)	2,948(3% 증가*)	488(25% 증가*)	803(30% 증가*)

* 괄호 안은 전년 대비 성장률

출처: World Bank, State and Trends of Carbon Pricing, 2021.

일상생활에서의 온실가스 배출량 상쇄를 지원한다. 또한 탄소상쇄를 위한 기부 등으로 다양하게 사용되기도 한다.

탄소 크레딧의 단위는 일반적으로 'tCO_2'(수치가 작은 경우는 '$kgCO_2$', 'gCO_2'라고도 한다)를 사용하며 이산화탄소 1톤을 삭감한 효과라는 의미의 정량적 평가를 할 수 있도록 되어 있다. 또한 탄소 크레딧을 창출하기 위해서는 온실가스 배출 감축량을 정량적으로 평가할 필요가 있으며 그와 관련해 몇 가지 크레딧 제도가 존재하고 있다.

농업에서 크레딧을 창출하는 대표적인 수법은 삼림 보전이나 나무의 식재이다. 공기 중의 이산화탄소를 흡수하는 요소의 양을 늘리면 그만큼 이산화탄소가 삭감된다고 볼 수 있다. 우리나라에는 에너지이용효율화 사업, 신재생에너지 사업, 농축산물 부산물 등 바이오매스 활용사업 등의 크레딧 생성 방법이 있다.

기업이나 개인이 탄소 크레딧을 구입하고 싶다면 사업 실시기관과 단체로부터 구입할 수 있다. 직접 구매하는 방법 외에도 환경 관련 컨설팅 회사나 스마트폰 앱 등을 통해 취득하는 방법도 있다. 한 예로 항공사가 마케팅의 일환으로 자사가 구매한 크레딧을 이용객에게 판매하는 경우도 있다. 탄소 크레딧의 활용폭은 이처럼 넓으므로 농업에서 발생한 탄소 크레딧은 탄소 배출 감축 보상세로 대체할 수 있는 여지가 많다.

5
온실가스 배출권 거래제

기후변화 문제는 일반적으로 '지구온난화'에 비중을 두고 있다. 지구온난화는 열악한 공장 배수에 의한 하천 수질 오염과 같은 국지적인 환경 문제보다는 대기 중 축적되는 온실가스 농도에 의해 유발되는 것으로 전 세계 차원에서 문제가 된다. 이제 온실가스는 한 국가만의 문제가 아니다.

온실가스는 어느 한 지역에서 배출 혹은 삭감이 되면 전 세계적으로 그 영향을 미치는데 이러한 현실에서 논의된 것이 유엔기후변화협약UNFCCC: United Nations Framework Convention on Climate Change의 교토의정서◆이다.

교토의정서Kyoto protocol는 의무 감축국의 온실가스 저감활동 비

◆ 1997년 일본 교토에서 열린 제3차 유엔 기후변화협약 당사국 총회에서 채택되었다.

용 부담을 완화하기 위해 시장 기반 메커니즘인 '교토메커니즘Kyoto Flexible Mechanism'을 제시했다. 교토메커니즘은 탄소 배출권 거래ET: Emissions Trading, 청정개발체제CDM: Clean Development Mechanism, 공동이행제도JI: Joint Implementation로 이루어져 있다.

이 중 탄소 배출권 거래는 온실가스 배출 권리인 '탄소 배출권'을 시장에서 사고파는 행위를 의미한다. 온실가스 배출권 거래제ETS: Emission Trading Scheme는 정부가 온실가스를 배출하는 사업장을 대상으로 연간 단위 배출권을 할당하여 할당범위 내에서 배출행위를 할 수 있도록 하고, 할당된 사업장의 실질적 온실가스 배출량을 평가해 여분 또는 부족분의 배출권은 사업장 간 거래를 허용하는 제도이다.

이로 인해 온실가스 감축 여력이 높은 사업장은 보다 많이 감축하여 정부가 할당한 배출권 중 초과 감축량을 시장에 판매할 수 있게 되고, 감축 여력이 낮은 사업장은 직접적인 감축을 하는 대신 배출권을 구입할 수 있게 되어 비용 절감이 가능해진다. 각 사업장은 자신의 감축 여력에 따라 온실가스 감축 또는 배출권 매입 등을 자율적으로 결정하여 온실가스 배출 할당량을 준수할 수 있다.

온실가스 배출권 거래제와 관련해서 우리나라에는 할당 배출권KAU: Korea Allowance Unit, 외부사업 감축량KOC: Korea Offset Credit, 상쇄 배출권KCU: Korea Credit Unit 등이 있다. 할당 배출권은 국가가 할당 대상 업체에게 할당한 온실가스 배출 허용량으로 대상업체는 매년 1월부터 12월까지 배출한 온실가스 양에 상당하는 할당 배출권을 다음 해 6월 말까지 정부에 제출한다.

외부사업 감축량은 국제적 기준에 부합하는 방식인데 외부사업에서 발생한 온실가스 감축량으로서 대상업체는 자신이 보유한 외부감축량KOC을 상쇄 배출권KCU으로 전환할 수 있다. 상쇄배출권은 외부사업 감축량을 대상업체가 전환한 배출권으로 대상업체는 정부에 제출하여야 하는 할당 배출권KAU의 10%까지 상쇄 배출권으로 대신 제출할 수 있다.

한편 배출권 거래제 할당 대상 지정업체가 작성한 명세서와 검증 심사원이 검증한 보고서를 검토하여 온실가스 배출량 산정 결과의 적합성을 평가하고, 평가 결과를 최종 온실가스 배출량으로 인정하는 과정을 '온실가스 배출량 적합성 평가 및 인증'이라 한다.

6
탄소 국경 조정세와 농업

탄소 가격제Carbon Pricing란 배출되는 이산화탄소(탄소)에 가격을 붙여서 이산화탄소를 배출한 기업 등에 돈을 부담하게 만드는 온난화 대책의 구조로 ① 탄소세, ② 탄소 배출량 거래, ③ 신용 거래(탄소 크레딧), ④ 탄소 국경 조정세가 있다.

이 중 탄소 국경 조정세CBAM: Carbon Border Adjustment Mechanism는 일반적으로 엄격한 기후변화 대책을 취하는 A라는 국가가 대책이 상대적으로 불충분한 B라는 국가로부터 수입하는 물품에 대해 탄소 배출의 과세 등 탄소 비용을 부과하는 무역 조치를 가리킨다. 또한 A국에서 B국으로의 수출품에 관하여 그 제조 시에 발생하는 탄소 비용을 환급하는 것도 이 조치에 포함될 수 있다.

탄소 국경 조정세의 목적은 국제 경쟁 조건 균등화와 탄소 배출 방지를 포함한다. 국제 경쟁 조건 균등화는 각국의 기후변화 대책 및 규제의 실시 정도에 따라 발생할 수 있는 탄소 조정 비용의 다소와 거기에서 기인하는 국제적 가격 경쟁력의 차이를 시정하는 것을 목적으로 한다. 즉, 탄소세나 탄소 배출량 거래 등 엄격한 기후변화 대책이 취해지는 A국에서는 비용이 많이 발생하고 그 비용은 상품 원가에 포함된다. 반면 기후변화 대책이 아직 취해지지 않아 대책 비용이 발생하지 않은 B국 기업 상품에는 온실가스 감축에 따른 비용 상승이 발생하지 않는다.

이러할 경우 A국가가 B국가 기업의 상품을 수입할 때 기후변화 대책 유무에 따라 A국 기업 상품과 B국 기업 상품 간에는 온실가스 감축 대책 비용만큼 가격 경쟁력에서 고저가 발생한다. 이 때문에 B국 기업 상품을 수입할 때는 A국에서 소요한 대책 비용만큼을 세금으로 부여함으로써 A국 내의 경쟁 조건을 균등화시킨다.

탄소 배출 방지 측면에서 보자면 기후변화 대책에 적극적인 A국가의 상품은 탄소 감축 비용 발생에 의해 상대적으로 상품 원가가 높아져 효율이 낮고 가격 경쟁력이 높은 수입품에 비해 경쟁력이 떨어짐에 따라 국내 생산이 감소하게 되는데 이러한 상황은 기업이 기후변화 대책 규제가 심하지 않은 B국으로 옮기는 명분이 된다. 이외에도 지구 전체의 온실가스가 삭감되지 않는 문제점을 방지하기 위한 목적과 함께 온실가스 배출 억제에 소극적인 국가에 대한 온실가스 감축 대책을 촉구하는 효과가 기대되고 있다.

탄소 국경 조정세는 유럽공동체EU에서 처음으로 제시해 유럽에서는 2023년까지 도입 예정이다. 그 주요 내용으로는 ① 대상으로 하는 무역 조치의 경우 수입재에 대해서는 EU 배출량 거래제도에 근거한 탄소 가격분을 지불하며, 수출재에 대해서는 환급은 없다. ② 대상 섹터의 범위로는 시멘트, 철·철강, 알루미늄, 비료, 전력(탄소 집약적 산업)이다. ③ 탄소 규제 비용 및 배출량의 계산·조정 방법은 전년 분의 대상 수입품 양과 그 탄소 배출량을 신고하고 EU 배출량 거래제도를 반영하여 탄소 가격을 설정한다. ④ 대상 국가의 범위는 모든 수입 상대국이다.

유럽공동체에서는 탄소 국경 조정세에 대해 2023년부터 예비단계로 수입 업자로부터 탄소 가격×배출량 보고를 개시하고, 2026년부터 실제 지불의 의무화를 개시한다고 밝혔다. 또한 신고하는 탄소 배출량은 제품의 생산 시 직접 발생하는 탄소 배출량인데 실제 배출량은 그 계측이 어려워 유럽공동체에서는 동종제품의 배출량 하위 10%의 평균치를 적용한다. 수출 상대국에 대해서는 이미 당해 국가에서 탄소세나 배출량 가격이 제품에 부여된 경우는 유럽공동체 내에서 그만큼의 감액이 인정된다.

유럽공동체가 제안한 탄소 국경 조정세의 대상 섹터 범위 안에는 농업이 포함되어 있지 않다. 하지만 탄소 국경 조정세를 낮

EU가 제안한 탄소 국경 조정세 섹터에는 농업이 포함되어 있지는 않으나
탄소 감축은 농산물을 수출할 때 마케팅과 관련성이 높다.

추려면 온실가스 배출 국가 총량을 낮춰야만 하고, 그러기 위해서는 농업 분야의 온실가스 배출 감축에 대한 압력이 커질 수 있다. 한편으로는 탄소 국경 조정세를 통해 제품이 생산될 때 직접 발생하는 탄소 배출량에 관한 관심이 높아지기 때문에 탄소 배출량을 감축하여 생산한 농산물을 수출할 때는 이 부분을 마케팅에 활용할 수 있는 장점이 된다는 점에서 탄소 국경 조정세는 농업과 무관하지 않다고 할 수 있다.

7
온실가스의 사회적 비용

탄소의 사회적 비용SCC: Social Cost of Carbon은 이산화탄소 1톤이 대기 중에 배출될 경우 사회에 미치는 피해를 나타내는 지표이다. 이 비용에는 기후 위기로 사회가 부담해야 하는 손실 규모, 기후 위기로 인한 농업 생산성, 재산 피해, 건강 영향 등도 포함되는데 종합해 말하면 탄소의 사회적 비용이란 1t의 탄소(이산화탄소) 배출로 인해 사회가 1년 동안 부담해야 하는 경제적인 비용을 말한다.

탄소의 사회적 비용 개념은 1981년 미국 레이건 행정부에 의해 처음 제기되었다. 미국 환경보호국 및 교통부와 같은 연방 기관은 조지 H.W. 부시 대통령 재임 기간 동안 탄소로부터 다른 형태의 사회적 비용 계산을 개발하기 시작하면서 발전했다.

기후변화를 초래하는 이산화탄소 배출량을 줄이는 데 드는 비용은 감소 시점에서 발생하지만 탄소의 사회적 비용을 계산하려면 기후변화의 영향을 추정해야 한다. 여기에는 인간 건강에 미치는 영향이 포함되며, 피해 양과 복구 비용으로 측정된다. 생태계에 미치는 영향을 측정한 시장 가격은 없으므로 평가가 다소 어려울 수 있다.

탄소의 사회적 비용 지표는 추가적인 탄소 배출로 인한 외부 비용을 반영하여 오늘의 배출이 미래 세대에 미치는 부담을 추산할 수 있게 한다. 즉, 이산화탄소 1t당 배출삭감의 장래 가치를 반영함으로써 온난화 감속을 위한 기후변화 대책 투자를 촉구하는 신호가 된다. 직접적인 비용 부담을 수반하는 탄소세와는 대조적으로 사회적 비용은 실제로 지불되지 않으나 정책상 기후변화 대책에 큰 가중치를 두는 모형이 된다.

탄소 배출 감축에 따른 이익은 수백 년 또는 수천 년 동안 발생한다. 반대로 추가적인 이산화탄소 배출은 미래에 피해를 더욱 크게 야기할 수 있다. 이산화탄소 배출에 따른 미래의 피해액에 대해 미국이 할인하고 있는 이유는 크게 두 가지가 있다. 하나는 같은 즐거움이라면 미래보다는 현재의 즐거움에 중점을 두는 것처럼 미래의 불확실성도 감안된 것이다. 다른 하나는 지속적으로 경제성장이 이루어진다는 가정하에 인플레이션과 함께 지금의 세대가 기후변화 대책에 돈을 쓰는 것은 가난한 세대가 풍부한 세대를 위해 투자하는 셈이므로 풍부한 세대가 받는 투자의 편익은 할인해야 한다는 관점이다.

온실가스의 사회적 비용 계산은 아직 국제적 기준이 없고 각 나라마다 계산이 다른데 미국의 경우 오바마 행정부는 3%의 할인율Discount Rate을 이용해 2020년 시점에서의 탄소 가격을 1t당 약 50달러로 추산했다. 그러나 트럼프 행정부는 오바마 행정부의 추계를 부정하고 7% 할인율을 설정하고 1t당 사회적 비용을 7달러로 했다.

바이든 행정부는 온실가스의 사회적 비용을 오바마 행정부 시기 수준으로 되돌렸다. 할인율 2.5%, 3%, 5% 옵션을 제시한 후, 할인율 3% 아래로 결정해 2020년 1t당 사회적 비용은 이산화탄소는 51달러, 메탄은 1,500달러, 아산화질소는 1만 8,000달러로 책정했다. 경제학자들은 할인율을 2% 정도로 조정하는 것이 적당하다고 제언하고 있어 온실가스의 사회적 비용이 좀 더 인상될 여지가 있다.

유럽 주요국은 미국보다 이산화탄소 1t당 사회적 비용이 더 높은 편이다. 특히 독일은 미국이 온실가스의 사회적 비용에 할인율을 적용하고 있는 것과는 달리 미래세대가 겪을 기후 위기 피해를 현재 피해와 동등하게 평가해 계산했는데 이에 따르면 이산화탄소 1t당 사회적 비용은 180~640유로(약 24만~86만 원)이다. 영국은 345파운드(약 38만 원), 프랑스는 87유로(약 11만 원)이다. 우리나라에서는 아직 온실가스의 사회적 비용을 공식적으로 산출해 놓지 않은 상태이다.

한편 국제에너지기구IEA의 〈세계 에너지 전망World Energy Outlook 2020〉에서는 탄소 1t당 가격을 현 정책 유지 시나리오STEPS: Stated Policies Scenario에 근거하고 있는데 이에 따르면 한국은 발전, 산업 부문의 경우 2025년에는 34달러, 2040년에는 52달러로 유럽과 같으며 캐나다는 발전, 산업, 항공, 기타의 경우 2025년에는 34달러, 2040년에는 38달러이다. 중국의 경우 2025년 발전, 산업, 항공 부문 가격은 17달러, 2040년에는 35달러이다.

국제에너지기구가 발표한 미래의 탄소 가격

단위: $/t$CO_2$

구분	지역	부문	가격	
			2025년	2040년
공표제정책 시나리오(STEPS), 40$/t$CO_2$	캐나다	발전, 산업, 항공, 기타	34	38
	EU	발전, 산업, 항공	34	52
	한국	발전, 산업	34	52
	중국	발전, 산업, 항공	17	35
	남아프리카	발전, 산업	10	24
	칠레	발전	8	20
지속개발 가능한 시나리오(SDS), 88.7$/t$CO_2$	선진국	발전, 산업, 항공	63	140
	몇몇 개발 도상국	발전, 산업, 항공	43	125

출처: IEA World energy outlook 2020, 2019.

8
농업 온실가스와 COP

2021년 영국 글래스고에서 열린 제26차 유엔 기후변화협약 당사국 총회COP26에서는 '국제메탄서약'이 가장 주목을 받으면서 유엔 기후변화 당사국 총회를 나타내는 COP가 자주 언급되었다. COP는 메탄서약과 같이 기후 온난화, 온실가스, 메탄가스를 언급할 때 자주 등장하고 있으나 이에 대한 설명은 많지 않다. 그러므로 국제메탄서약의 결정 과정과 이행 구속력 등의 보충 정보를 얻기란 쉽지 않아 이를 더 알아볼 필요가 있다.

COP는 Conference of the Parties의 약자로 해석하면 '당사자들 간의 회의'로 해석되긴 하지만 실제로는 '유엔 기후변화 당사국 총회'를 뜻하며, 정식 명칭은 Conference of the Parties to the United Nations Framework Convention on Climate Change이고 줄여서 COP-UNFCCC라고 표기한다.

COP의 목적은 온실가스 배출을 제한해 지구온난화를 방지하는 것으로 1992년 6월 정식으로 기후변화협약이 체결되었고 1994년부터 발효되었다. COP 개최는 코로나19의 영향으로 연기된 2020년을 제외하고는 1995년부터 매년 개최되었다. COP 뒤에 붙는 숫자로 몇 번째 COP인가를 알 수 있는데 2021년에 개최한 유엔 기후변화 당사국 총회는 COP26로 표기했는데 이는 제26차 회의라는 뜻이다.

COP는 2001년 7월에 열린 COP6를 제외하고는 10월 하순부터 12월 상순의 10일 전후로 개최한다. COP 참가 자격은 197개 조약 체약국·지역, 유엔과 관련 조직·기관, 보도 기관, 승인을 마친 비영리 옵서버Observer◆이다.

참가자는 각국 정상이나 각료급 이외에도 다양한 편인데 이는 환경 문제 해결에는 정부뿐만이 아닌 모든 수준의 단체가 문제 해결을 담당해 나가야 하기 때문이다. COP26에는 약 120개국의 리더와 과학자, 환경보호 활동가 등 2만 5,000명 이상이 참가했다. 총회의 협상 관련 회의는 일반적으로 공개되지 않으나 전체 회의나 프레스 회의 등은 라이브나 온디맨드On-Demand◆◆로 전달한다.

◆ 특별히 출석이 허용되어 발언권은 있으나 의결권이나 발의권이 없어 정식 구성원으로는 인정되지 않는 사람이나 조직

◆◆ 요구에 따라 소식을 알려주는 방식

COP의 의사결정은 만장일치가 원칙이며 의결은 '1국 1표' 방식으로 모두가 발언권을 갖는 공평한 논의의 장이다. COP에서 이루어지는 여러 회의는 각국 정상이나 각료급 외에도 단체별로 구분되어 참가하기도 한다. COP에서의 각 국가와 단체들이 배출량을 줄이겠다는 약속은 법적 구속력과 강제성은 없다.

COP26의 정상회의에서는 120개국 정상들이 모여 지구 온도 상승 범위를 1.5℃ 이내로 억제할 수 있도록 범세계적 기후 행동 강화를 약속했다. 또한 '글로벌 메탄 서약' 등도 발표되었는데 메탄 발생 상위 3개국인 중국, 러시아, 인도의 참여를 이끌어 내지 못한 한계를 가졌다.

COP26의 가장 큰 성과는 글래스고 기후조약Glasgow Climate Pact의 타결인데 이 조약에는 세계 각국이 기후 위기 대응을 위해 석탄 사용을 단계적으로 감축하고 선진국은 2025년까지 기후변화 적응기금을 두 배로 확대하는 내용을 담고 있다.

한편 기후변화 대책을 다루기 위해서는 각국이 손을 잡는 일이 필수적이지만 기후변화 대책은 일반적으로 사회경제 활동을 억누르는 방향으로 작용하기에 이해관계가 대립하기 쉽다. 많은 개발도상국은 자국의 경제를 더욱 발전시켜야 할 요구를 수행해야 하는데 자국의 한정된 자금이나 능력만으로는 기후변화 대책을 국가 발전과 함께 병행해 실시하기 어렵다는 현실도 있다.

개발도상국 중 지구온난화의 주된 원인이 되는 온실가스의 배출량이 적음에도 불구하고 온난화의 영향을 강하게 받는 국가가 적지 않다. 그래서 일부 개발도상국들은 선진국들에 대해 매우 강한 불공평한 감정을 느끼고 있다. 국가 간 뿐만 아니라 국가 내에서도 산업 부문 간의 불공평함도 존재한다.

국내의 경우 2018년 농업 분야의 온실가스 배출량은 산업 부문에서 가장 낮고(2.9%), 1990년 대비 1% 증가로 큰 변화가 없다. 국내 메탄 발생의 22.7%를 차지하는 벼 재배 부분에서는 증가가 아닌 1990년 대비 40.2%가 오히려 감소했다. 그런데도 COP26의 글로벌 메탄 서약으로 인해 제일 먼저 메탄 감축 압력을 받게 되는 불공평이 존재하고 있다. COP26의 의제가 이행되려면 국제 간 뿐만 아니라 국내에서도 이러한 부분의 불공평을 해결해야 하는 과제를 안고 있다.

9
생태발자국과 어스 오버슛 데이

환경 문제와 지속 가능발전 목표SDGs: Sustainable Development Goals를 이야기할 때 자주 쓰는 용어 중 하나가 바로 생태발자국이다. 생태발자국Ecological Footprint은 인간이 지구에서 삶을 영위하는 데 필요한 의·식·주 등을 제공받기 위한 자원의 생산과 폐기에 드는 비용을 토지로 환산한 지수이다.

인간이 자연에 남긴 영향을 발자국으로 표현한 생태발자국은 1992년 윌리엄 리스William Rees에 의해 최초로 학술 출판물에서 언급되었다. 생태발자국의 개념과 계산 방법은 1996년 캐나다 밴쿠버 브리티시 컬럼비아 대학의 대학원생 마티스 웨커네이걸Mathis Wackernagel과 그의 지도교수인 윌리엄 리스가 창안한 개념이다.

생태발자국의 계산과 지수는 인간 활동에 의해 소비되는 자원량을 분석·평가하는 수법의 하나로 인간 한 명이 지속 가능한 생활을 보내는 데 필요한 생산물들을 토지 면적으로 표현한다. 즉, '생태발자국 = 인구×1인당 소비×생산·폐기효율'이고 단위는 gha(글로벌 헥타르)이다. 생태발자국 대상은 ① 화석연료 소비로 배출되는 이산화탄소를 흡수하는 데 필요한 산림 면적, ② 도로와 건축물 등의 토지 면적, ③ 식량 생산에 필요한 토지 면적, ④ 종이와 목재 등의 생산에 필요한 토지 면적을 합해 계산한다.

이러한 생태발자국의 면적은 선진국으로 갈수록 넓은 편이다. 경제적으로 불우한 나라 비율이 높은 아프리카에서는 생태발자국 면적이 약 4gha로 선진국들인 EU의 절반 정도 수준이다.

생태발자국 수치가 높을수록 자원의 부담은 높아지고, 수치가 낮으면 자원의 부담이 낮다고 평가할 수 있다. 따라서 이 생태발자국은 자원을 제공해 주는 자연환경의 영향을 생각하는 데 큰 의미를 가지는 지표라 할 수 있다.

생태발자국의 모델은 소비와 생활양식을 비교하고 이를 바이오 용량과 비교하는 수단이 되기도 한다. 바이오 용량은 생태발자국과는 반대되는 개념으로 생물 생산력이라고도 하는데 자연이 광합성에 의해 제공해 주는 생태계 서비스이다. 계산식은 '바이오 용량 = 면적×생물 생산 효율'이다.

생태발자국이 높은 지역에서는 지구의 환경이 1년에 생산할 수 있는 바이오 용량(자원의 양)을 넘는 이용량 상태인 오버슛

Overshoot이 문제가 되곤 한다. 지구가 생산해 낼 수 있는 일년치 자원이 소진되는 날을 '어스 오버슛 데이EOD: Earth Overshoot Day'라고 한다.

어스 오버슛 데이의 계산법은 지구의 바이오 용량(지구가 그해에 생성할 수 있는 생태자원의 양)을 인류의 생태발자국(해당 해의 인류의 수요)으로 나눈 뒤 1년의 일수인 365를 곱하여 계산한다. 2021년의 어스 오버슛 데이는 7월 29일부터 시작되었다. 이 말인즉 2021년 지구의 생물 능력이 인류의 생태발자국을 감당할 수 있는 자원은 7월 28일까지 모두 제공했고 7월 29일부터는 미래의 자원을 미리 당겨서 사용한 셈이 된다는 의미다.

어스 오버슛 데이 로고

출처: www.overshootday.org

생태발자국과 어스 오버슛 데이는 지구 자원이 무한하지 않다는 사실을 의식하게 만들어준다. 세계의 많은 나라와 지자체, 기업에서는 생태발자국을 개선하기 위해 노력하고 있다. 유럽이나 미국에서도 소비자단체들이 나서서 한정된 자원을 적절히 이용하고 후세대들이 지속 가능한 삶을 살 수 있도록 노력하고 있다. 따라서 농업 또한 환경부하를 줄이는 데에 그치지 말고 환경을 가꾸는 농법으로 대응해 가야 하는 시대다.

온실가스 배출 감축과 이산화탄소의 유효 활용

1
이산화탄소 흡수원으로 주목받는 농지

농지가 잠재적인 이산화탄소 흡수원으로 주목받고 있다. 무경운 재배법 등에 의해 식물이 광합성 과정에서 흡수한 이산화탄소를 대기 중으로 되돌리지 않고 토양 중에 저장할 수 있기 때문이다.

'농업·산림·기타 토지 이용'의 온실가스 순 배출량은 전 산업의 약 3분의 1을 차지하고 있다. 그중에서도 가장 많은 부분은 농업, 숲, 기타 토지 이용의 38%를 차지하는 '산림을 농지 등으로 전환할 때' 발생하는 배출이다.

자연 토지 또는 반자연 토지를 농지로 전환하면 토양의 탄소 함량이 30~40% 정도 감소하게 되는데 이는 농지에서의 탄소 손실이 주로 탄소가 포함된 작물의 수확을 통해 제거되기 때문이다. 농지에서 감소한 탄소를 다시 땅으로 되돌리면 농지는 이산화탄소의 흡수원이 된다. 그래서 최근에는 식물이 섭취한 이산화탄소를 대기 중으로 되돌리지 않고 토양 중에 모을 수 있다면 농지도 산림처럼 탄소 저류고가 될 가능성이 있으므로 농지가 잠재적인 이산화탄소 흡수원으로 주목받고 있다.

현재 온실가스 인벤토리Inventory에서 이산화탄소 흡수원으로 집계되고 있는 것은 산림뿐이지만 나무의 고령화 등의 원인으로 산림의 흡수력이 떨어지는 경향도 생겨난다. 게다가 온실가스 삭감 목표 달성을 향한 장애물이 많아지고 있는 가운데, 각국 정부에서는 농지를 이산화탄소 흡수원 메뉴에 추가하려는 움직임이 더욱 더 활발해지고 있다.

농지는 잠재적인 이산화탄소 흡수원으로 주목받고 있다.

농지에 탄소를 저류시키는 새로운 수법으로 가장 기대되고 있는 것은 무경운 재배이다. 무경운 재배란 작물을 재배할 때의 통상적인 경운이나 정지의 공정을 생략하고, 작물은 모두 베어내지 않고 일부는 남겨 토지에서 탄소를 전부 제거하지 않은 채 다음의 작물을 재배하는 방법이다. 미국과 유럽에서는 이처럼 무경운 재배 등 토양을 자연스러운 형태로 보전하는 방식의 농업을 보전농업Conservation Agriculture 또는 재생농업Regenerative Agriculture이라 한다.

무경운 재배는 식량 증산이나 생력화에 공헌한다는 점에서 이미 세계 최대의 옥수수 산지인 미국 등에서 널리 도입되고 있다. 또 세계적인 밀 대산지 유럽에서도 자원·에너지 저투입형 농업으로의 전환을 목표로 역시 무경운 재배가 권장되고 있다.

탄소 저류의 수법으로서도 무경운 재배가 유망시 되는 이유는 무경운 토양은 경운 토양과 비교해 공기가 토양에 들어가기 어려워 미생물의 분해 속도가 완만해지며, 식물이 광합성으로 흡수한 이산화탄소가 대기 중으로 되돌아가는 과정이 방해되므로 이산화탄소가 저류되기 쉬워지기 때문이다. 온난화에 따라 앞으로 기온이 상승하게 되면 미생물의 활동이 활발해질 것으로 예상되나 그러한 경우라도 이산화탄소의 방출을 억제할 수 있다.

이산화탄소 흡수원으로 농지를 활용하도록 뒷받침하려는 움직임도 활발하게 이루어지고 있다. 유럽에서는 유럽위원회EC: European Commission가 2020년 '농장에서 식탁으로Farm to Fork' 전략을 발표하며 농지의 탄소 저류가 농가들에게 '새로운 비즈니스 모델'이 될 것이라고 밝혔다. 그 비즈니스 모델의 구체적인 내용은 탄소 저류에 임하는 농가를 위한 보조금 지급 및 농가가 탄소 배출권의 거래를 통해 수입을 얻게 만드는 방향으로 진행하고 있다.

미국에서도 EU와 마찬가지로 농지의 탄소 저류에 금전적 인센티브를 주려는 움직임이 있다. 이것은 이미 무경운 재배가 보급되어 있는 미국 중서부의 주요 농가들이 농지의 탄소 저류에 대한 금전적 인센티브를 강하게 요구하는 것과 함께 바이든 행정부의 카본뱅크 구상에 의한 것들이다. 미국 정부의 구상은 탄소 저류를 시행하는 농가에게는 보조금 형식으로 탄소 배출권을 매입하되 장기적으로는 미국 내에서도 전국적인 탄소 배출권 거래를 활성화시킨 뒤 민간 자금으로 탄소 배출권이 유통되도록 만들어 재정부담을 줄이겠다는 것이다.

농지는 이처럼 이산화탄소 흡수원으로 주목받고 있는 것에 그치지 않고 정책의 틀 안에서 농지가 더 많은 이산화탄소를 흡수할 수 있도록 시스템화하고 있다.

2
논 토양에서 메탄 발생과 억제

농업은 자연 친화적인 산업이지만 지구온난화와도 깊은 관계가 있다. 중금속과 매연 발생, 화학물질에 의한 대기오염 및 폐수와 관련이 없다고 생각되는 벼농사에서도 많은 메탄가스가 발생해 지구온난화의 원인이 되고 있다.

벼를 재배할 때 논에서 발생하는 메탄은 모내기 직후의 경우 토양에 많은 산소가 포함되어 있으므로 산소가 존재하면 활동할 수 없는 메탄 생성균의 특성상 이때는 메탄이 발생되지 않는다. 그러나 벼가 호흡을 위해 산소를 섭취하기 시작하면 용존산소◆가 소모되고, 토양의 산소 또한 서서히 줄어든다. 그래서 모내기 후 한 달이 지나면 메탄 생성균이 활발하게 메탄을 배출하

◆ 물속에 녹아있는 분자 상태의 산소

기 시작한다.

우리나라에서 토양에 산소가 많이 존재하는 4, 5월은 토지의 온도가 낮고 세균의 활동이 활발하지 않다. 그러다가 모내기 이후 한 달 정도가 지나면 벼의 줄기가 늘어나고 호흡이 증가하면서 산소를 소모하게 되는데 이때 메탄은 벼의 통기 조직을 통해 대기로 배출된다. 이렇듯 벼의 줄기 수가 늘어날수록 메탄 배출양도 많아지면서 줄기는 공장의 굴뚝처럼 메탄을 대기 중으로 방출하는 통로가 된다. 보통 6, 7월이면 메탄가스 배출량이 최대가 되는데 이러한 메탄 생성균의 활동을 억제하려면 중간물떼기와 논물 얕게 걸러대기와 같은 논물 관리법이 필요하다.

6, 7월은 벼 재배 논에서의 메탄 배출량이 최대가 된다.

중간물떼기는 농가가 옛부터 해온 농작법으로 벼 이앙 후 한 달간 논물을 깊이 대고, 벼의 생육 조정과 뿌리를 건전하게 유지하기 위해 2~3주 정도 물을 빼는 방법이다. 그러면 표면에 실금이 생길 정도로 토양이 건조해져 공기가 스며들게 된다. 이렇게 건조한 상태의 토양에서는 산소가 풍부해져 메탄 생성균의 활동이 억제된다.

논물 얕게 걸러대기는 벼 이앙 후 한 달간 논물을 깊이 댄 이후부터 벼 이삭이 익을 때까지 논물을 2~5cm로 얕게 대고 자연적으로 말리다 다시 얕게 물을 대어주기를 반복하는 농법이다.

이와 같이 중간물떼기 기간을 일주일 정도 더 연장하면 기존의 중간물떼기와 비교해 메탄 발생이 평균 30% 정도로 줄어들면서도 수확량은 크게 감소하지 않고 쌀의 단백질 함량이 약간 적어져 보다 맛있는 쌀이 생산되는 것으로 알려져 있다. 그러므로 메탄 발생을 억제하기 위한 논물 관리를 하면 온실가스 감축, 농업용수 절약, 쌀 품질 향상 등의 효과를 얻을 수 있다.

논에서 벼 재배 중 물 관리와 유기물 관리에 의한 메탄 발생 감축은 중국, 인도네시아, 일본 등 아시아의 여러 나라의 논에서도 그 효과가 확인되고 있다. 그러나 한편에서는 이러한 방법은 물 관리에 많은 노력이 필요해 농가 입장에서는 메탄 발생 억제 이외의 부분에서는 보상이 될 만한 이익이 발생하지 않는다는 문제점이 있다는 주장도 존재한다.

논에서의 메탄 발생 억제를 위해서는 물 관리 외에 벼의 근권에 생육하는 메탄 생성균의 제어가 중요하다. 논에서 메탄을 만드는 재료는 근본적으로 유기물이다. 유기물은 원래 토양에 포함되어 있는 것도 있지만 벼 뿌리에서 토양으로 분비되거나 비료로 사용된 짚, 퇴비 등의 분해와 관련이 깊다. 그러므로 가을에 벼를 수확한 뒤 볏짚을 논에 두지 않는 것이 메탄 발생 억제에 유효하며, 볏짚을 사용하고자 할 때는 가을에 수확한 뒤 회수하여 퇴비를 만들어 논에 사용하는 것이 바람직하다. 논에 유기물을 넣으려면 비가 내리는 담수 기간에 넣거나 질소비료나 시판 미생물 자재를 사용하여 분해를 촉진하는 것이 좋다.

토양 측면에서는 연작토양, 배수 불량 논에서는 메탄 발생이 조장되기 때문에 암거배수 등의 처리에 의한 개선이 필요하다. 철 함량이 높아지면 토양의 산화 용량도 높아져 환원 진행이 완화돼 메탄 발생 억제가 유효해지므로 철강 제조 공정의 부산물인 슬래그 등의 자재를 논에 넣으면 메탄 발생이 억제되는 효과가 있다.

벼 논에 작은 물고기를 양식하는 건 메탄 발생을 억제하는 방법 중 하나라는 연구 결과가 있다. 또 벼 논에 오리 사육이나 어류를 양식하면 메탄, 아산화질소 배출을 효과적으로 감소 및 제어할 수 있어 이는 논에서 발생하는 온실가스를 줄이는 효과적인 방법으로 알려져 있다.

벼 재배 논에서 메탄 발생을 억제하는 방법은 이와 같이 다양하지만 거의 대부분은 노동력 등의 비용이 추가되므로 메탄 발생 억제 농법의 도입에 따른 인센티브를 창출하는 시스템 마련의 필요성이 크다.

3
가축 사료와 첨가제에 의한 메탄 발생 억제

소, 양, 염소 등의 반추동물은 거친 식물을 소화하고 트림에 의해 부산물(장 발효)인 메탄가스를 공기 중에 배출한다. 가축이 배출하는 메탄의 양은 주로 동물의 종류와 수, 가축의 소화 시스템 유형, 섭취하는 사료의 종류 및 양에 따라 결정되는데 특히 반추동물이 많이 배출한다.

가축의 메탄 발생 억제에 관한 연구는 사료 종류와 첨가물 측면에서 많이 진행되고 있다. 볏짚 사료는 메탄 배출량이 많이 발생하는 것으로 알려져 있다. 아스파라고프시스 탁시포르미스Asparagopsis Taxiformis라는 해조류 추출물을 젖소 사료에 첨가하면 소화과정에서 브로모폼Bromo Form이라는 생리활성 물질이 메탄가스를 발생시키는 특정 효소를 억제하는 효과로 인해 메탄가스 배출이 80% 감소했다는 연구 결과가 있다.

캐슈넛 껍질 추출물을 사료에 섞여서 먹이면 메탄 배출이 최대 20% 정도 감소하는 것으로 알려져 있으며, 일본에서는 이것을 상품화하여 판매하고 있다. 벨기에에서는 맥주 제조 부산물인 발효 보리를 소에게 먹인 결과 메탄가스 배출이 10% 이상 감소했다는 연구 결과를 발표했다. 스코틀랜드에서는 젖소 사료에 마늘과 감귤 등을 배합해 먹이며 메탄이 40% 가까이 감소했다는 연구 결과를 발표했다.

지방산, 오레가노, 타닌, 프로바이오틱스, 프리바이오틱스 그리고 식물 추출물과 같은 천연사료 첨가제와 보충제는 반추동물의 메탄 생성 물질을 억제하고 장내 메탄 배출을 감소하는 효과가 있는 것으로 알려져 있다. 또한 사료 첨가물은 동물에게 에너지와 단백질도 제공할 수 있다. 사료에 첨가하는 지방과 오일은 15~20%의 메탄 배출 감소 효과가 있어 실제 적용 잠재력이 큰 것으로 평가되고 있다.

국내에서는 농촌진흥청 산하 국립축산과학원에서 사료 첨가제용 미네랄펠릿을 개발했다. 이탈리안라이글라스 60%와 칼슘, 아연 등 미네랄을 함유한 이 펠릿은 소화촉진과 메탄 발생 억제에 효과적인 것으로 밝혀져 주목받고 있다.

질소 화합물 등 합성물질 첨가제 또한 메탄 발생을 줄인다는 연구 결과가 발표되어 관련 상품도 출시되어 있으나 법적 제한과 인간의 건강과 밀접한 관련성으로 합성물질은 대체적으로

국립축산과학원에서 메탄 발생 억제용으로 개발한 미네랄펠릿

크게 권장되지 않고 있다.

이처럼 메탄 배출 억제를 위한 사료 첨가제를 사용하면 메탄 배출에 의한 총 에너지 손실을 줄여 사료의 효율성을 높일 수 있다. 네덜란드의 생명과학 회사 Royal DSM DSMN.AS은 자사가 생산하는 사료 첨가물인 보바어 Bovaer가 메탄의 발생량을 줄일 수 있다고 밝혔다.

Royal DSM에 따르면 이 첨가제는 장내 메탄 배출량을 젖소의 경우 약 30%, 육우는 80%까지 감소시킨다고 밝혔다. 사료 첨가제인 보바어는 소의 반추위에서 메탄 생성을 유발하는 효소를 억제하는 방식인데 현재 브라질과 칠레에서는 사용승인을 받았고, 유럽연합에서는 사용승인 신청 중에 있다.

앞서 말한 것처럼 메탄 배출을 줄이기 위한 사료 첨가제 또는 보충제 사용은 장점이 있으나 단점을 배제할 수 없다. 가령 사료에 질산염을 추가하면 반추위 발효가 최적화되고 수소의 경로가 변경되어 메탄이 아닌 암모니아가 생성된다. 이것은 가축의 에너지 소비를 줄이면서도 메탄 배출을 줄이는 이중 효과를 가질 수 있다.

그러나 방목할 경우 가축이 섭취하는 첨가제의 양을 조절하기 어렵고, 질산염 보충제를 갑자기 급여하거나 너무 많이 섭취하면 건강에 해를 끼치거나 가축의 죽음으로도 이어질 수 있다. 그러므로 메탄 배출을 줄이기 위한 사료 첨가제 및 보충제의 사용은 신중하게 결정하고, 급여할 때는 적정량 등의 준수 사항을 철저하게 지켜야 한다.

가축 사육 시 메탄 배출 삭감을 위한 사료의 선택과 첨가제의 사용은 지구환경 측면에서는 이로울 수 있겠지만 생산자 입장에서는 번거롭고 이익 자체가 많지 않은 것이 현실이다. 그래서 유럽에서는 메탄의 발생이 적은 사료를 이용하는 축산업체에게는 탄소 감축을 정량화하여 인증과 함께 탄소 크레딧의 발행 등을 통해 혜택을 받을 수 있도록 하고 있다.

우리나라에서도 메탄 감축을 시행하는 농가에 감축 정도를 정량화하여 인증과 보상을 받을 수 있는 시스템의 구축과 활성화가 요구된다. 동시에 축산 농가에서도 '메탄 삭감에 공헌하는 소고기 또는 우유' 등의 메탄 삭감 식품 브랜드화를 통해 관련 업체의 새로운 메뉴 개발을 지원해야 한다.

좋은 생육 환경에서 자란 소고기와 우유 등을 제공하여 소비자들이 선택의 폭을 넓힐 수 있도록 만들고, 축산 농가는 소비자들로부터 지지를 받고 보상을 받을 수 있는 사회적 시스템을 선도적으로 만들고 활용할 필요가 있다.

4
농경지에서 아산화질소 배출 과정과 억제법

우리나라 농업에서 아산화질소N_2O는 메탄에 이어 두 번째로 배출량이 많은 온실가스다. 온실가스로 문제가 되고 있는 아산화질소는 질소 순환의 균형이 깨지면서 일어난 현상이다. 화학비료가 나오기 전, 농장에서 식물이 이용할 수 있는 대부분의 질소는 거름과 질소 고정 미생물이었으며 그런 방식으로 질소 순환의 균형이 이루어졌었다. 그러던 것이 1900년대 초반 질소 분자로부터 암모니아를 생성하는 화학비료(질소비료)를 생산하면서 모든 것이 바뀌었다.

질소를 포함한 화학비료, 즉 질소비료는 작물 수확량을 비약적으로 높여 전 세계 사람들에게 식량을 공급하는 데 큰 도움이 되었으나 합성비료의 제조과정과 잉여 질산염과 암모늄이 환경 문제를 유발하고 있다. 질소질 화학비료를 생산하기 위해서는 질소가스 가열과 최대 400기압의 압력을 가해야 하므로 생산 과정에서 에너지 사용량이 많으며 이산화탄소 배출량 또한 많다. 질소질 화학비료는 특히 아산화질소의 배출을 증가시킨다.

농가에서 작물 생산을 위해 질소질 비료를 농경지에 시용하면 작물이 그 즉시 모든 양을 흡수하는 것은 아니다. 흡수되지 않은 질소 성분은 미생물 반응에 의해 산화나 환원되어 다양한 물질로 변한다. 질소 화합물의 변화는 서식하는 미생물의 종류, 토양에 포함된 수분이나 산소, 지온 등에 따라서도 변한다.

작물에 질소질 화학비료 시비는 아산화질소의 배출을 증가시킨다.

보통 토양에 산소가 있으면 질산으로 변하는 반응(질화)이 일어나고, 산소가 없으면 질산으로부터 산소가 빼앗겨 가는 반응(탈질)이 일어난다. 아산화질소는 질화 반응 및 탈질 반응의 부산물로 생성되는데 특히 탈질 반응에서 많이 생성된다.

아산화질소는 농경지 토양에서 대기로 직접 방출되는 것 외에 시비 질소가 농업지대의 지하수나 하천수로 유출된 후에 방출되는 경우도 있다. 농경지 토양에서 발생하는 아산화질소의 억제 기술은 ① 식물이 필요로 할 때 질소의 적량을 시비하거나, 나누어서 시비, 부분별 시비, 적절한 유기물 시용 등의 시비 방법 개선, ② 완효성 비료나 질화 억제제 등 새로운 형태의 비료 사용 등이 권장되고 있다.

한편 질소질 비료를 줄이면 아산화질소의 배출을 줄일 수 있으나 농산물의 생산 감소와도 직결되므로 시비를 하되 아산화질소 배출을 억제하는 다양한 기술개발과 방법들이 시도되고 있다. 비료를 과도하게 시비하지 않도록 수지 등으로 비료를 피복하여 토양에 침투되는 속도를 제어하는 피복 비료가 개발되어 있다. 원격 감지 기술을 사용하여 언제 어디에서 질소를 밭에 추가로 시비할 것인지, 얼마를 추가로 시비할지를 결정하는 정밀 농업기술도 도입되고 있다.

질소 고정 박테리아가 콩과 식물과 협력하는 것처럼 특정 미생물이 식물에 질소를 직접 공급할 수 있는 잠재력을 활용할 수 있는 연구가 상당 수준 이루어져 있다. 아산화질소를 질소로 전환하는 반응($N_2O \rightarrow N_2$ 전환)을 담당하는 미생물의 힘을 높이거나, 이러한 반응을 진행시키는 능력이 뛰어난 생물을 농경지에 첨가하는 방법도 고려되고 있다.

일본 도쿄 대학 농학생명과학과에서는 아산화질소를 무해한 질소N_2로 변환하여 생육하는 미생물을 논 토양에서 검출 및 분리 배양에 성공한 것으로 알려져 있다. 이 아산화질소 환원미생물을 토양에 첨가하면 시비한 질소의 손실을 억제하면서도 아산화질소 배출을 줄일 수 있게 된다.

농경지에서 발생하는 온실가스인 아산화질소는 이처럼 배출을 억제할 수 있는 다양한 방법들이 연구되고 있는데 어느 방법이든 농업 현장에서의 도입과 실천이 없다면 아산화질소 배출량의 제로0화를 이룰 수 없다. 그러므로 농업 현장에서부터 아산화질소 배출을 억제하려는 노력이 뒤따라야 한다.

5
아산화질소 억제 가축 사료와 지구에 유익한 고기

세계 온실가스 배출량의 구성은 국가마다 다르다. 축산업이 대규모화된 브라질에서는 메탄가스와 아산화질소의 배출량이 비교적 많다. 스위스 농업연구기관인 아그로스코프Agroscope에 따르면 스위스에서 배출되는 메탄가스의 83%, 아산화질소의 80%는 농업에서 기인한 것으로 나타났다.

농업에서 배출되는 대표적인 두 가지 온실가스인 메탄과 아산화질소는 축산의 경우 메탄은 주로 반추동물의 트림에서 발생하고, 아산화질소는 배설물과 관련이 있다. 세계의 식량과 축산 증가에 따라 아산화질소 배출량은 증가하고 있는 추세인데 특히 중국, 브라질, 인도 등 신흥 경제국에서 많으며 유럽은 지난 20년간 배출량이 감소했다.

유럽에서 아산화질소 배출량이 감소한 이유는 가축 사료와 밀

축산에서 아산화질소는 주로 가축의 배설물과 관련이 있다.

접한 관련이 있다. 일반적으로 가축을 사육할 때 필요 이상의 단백질을 급여하면 배출물에 질소가 증가하고, 이것이 분뇨로 배설되면 미생물로 분해되어 아산화질소가 발생한다. 독일이나 뉴질랜드의 연구자들은 소가 정해진 장소에서 배설을 하게 만들고, 그것을 처리하면 아산화질소의 발생은 억제할 수 있다고 생각해 소에게 화장실 가는 습관을 기억하게 만드는 연구를 하고 있다.

사료와 관련된 다수의 연구 결과에서는 가축 사료의 아미노산 균형을 맞추고 저단백질 사료를 급여하면 생산성을 떨어뜨리지 않으면서도 분뇨 중 질소 배출량을 저하시켜 가축 배설물로부터 아산화질소의 발생을 억제할 수 있다는 내용이 나타나 있다.

비육돈肥育豚에게 아미노산을 균형 있게 섭취하게 하는 것만으로 생산성 저하 없이 분뇨 중 질소 배출량을 30% 정도 낮추고, 아산화질소의 발생을 40% 정도 줄일 수 있다는 연구 결과도 있다◆.

일본 농연기구農研機構인 토치기현 축산낙농연구센터栃木県畜産酪農研究センター에서는 단백질 함량이 높은 대두 찌꺼기 중 일부를 옥수수에 아미노산의 라이신과 메티오닌을 첨가한 대체 사료로 만들어 실증실험을 했다. 개발한 사료를 홀스타인종의 거세 소에게 급여한 결과 분을 퇴비화하는 기간인 64일에 배출한 아산화질소는 기존의 사료와 비교해 반감되었다.

토치기현 축산낙농연구센터에서는 아미노산 균형 사료의 급여에 따른 생산성을 조사하기 위해 도치기현栃木県 오타와라시大田原市의 마에다목장前田牧場에서도 시험 급여했다. 홀스타인종의 거세 소를 대상으로 실험을 했는데 체중 증가나 육질에는 큰 차이는 없었고 소의 기호성도 변하지 않았다. 아미노산 사료와 기존의 사료 원료 가격 또한 거의 같았다.

마에다목장에서는 아미노산 사료를 급여해 생산한 소고기를 '지구에 좋은 고기'로 브랜드화하고 가격을 20% 정도 높게 책정해 판매했다. 환경을 배려하는 소비자들은 이 부분에 주목해 매출이 순조로웠다고 한다.

◆ 출처: www.naro.go.jp/publicity_report/press/laboratory/nilgs/018554.html

아산화질소와 메탄을 적게 발생하는 사료를 먹여 생산한 고기는 마에다목장의 사례에서와 같이 '지구 친화적인 고기' 등으로 차별화하여 환경을 배려하는 소비자들을 대상으로 마케팅을 펼칠 수 있다. 동시에 탄소상쇄Carbon Offset 제도가 체계화되면 이를 활용하는 일도 가능해진다.

따라서 축산에서는 사료에 의한 아산화질소의 배출 억제 기술이 상당히 진척되어 있으므로 이를 활용해 실질적으로 온실가스를 줄일 수 있는 소비 여건 숙성과 탄소상쇄에 따른 보상 등의 제도적 환경의 정비가 시급하다.

6
가축의 메탄 배출 방지수요가 커지고 있는 축산업

2021년 영국 글래스고에서 열린 제26차 유엔 기후변화협약 당사국 총회COP26에서는 세계 정상들이 모인 가운데 소가 기후변화의 악당으로 등장했다.

소가 기후변화 주범으로 다뤄지게 된 원인은 소 한 마리가 하루에 200~600L의 메탄을 방출하기 때문이다. 지구상에는 약 15억 마리의 소가 있으며 연간 약 3.1Gt의 이산화탄소에 해당하는 메탄을 대기 중으로 방출한다. 소를 국가라 가정하면 중국과 미국에 이어 세계 3위의 온실가스 배출국이 된다.

유엔은 인간이 배출하는 모든 메탄 배출량의 14.5%가 직간접적으로 가축에게서 발생하는 것으로 추정하고 있다. 참고로 소는 모든 가축이 배출하는 메탄량의 약 65%를 담당하는 것으로 알려져 있다. 가축의 장내발효로 인한 메탄 배출량을 30% 줄이는 것만으로도 전 세계 모든 매립지에서 발생하는 연간 배출량 수준인 대기 중 메탄의 약 11%를 줄일 수 있다는 주장도 있다.

가축의 메탄 배출량이 많은 만큼 2030년까지 메탄 배출량을 2020년 수준보다 30% 이상 줄이겠다는 COP26의 국제메탄서약을 준수하려면 어떤 형태로든 소를 비롯한 가축으로부터 발생하는 메탄을 줄여야 한다. 가축이 배출하는 메탄을 줄이기 위해서는 사람들의 식단을 동물성에서 식물성으로 바꿔야 한다는 주장도 있으나 이는 그리 간단치가 않다.

동물성 식품은 특히 저소득층 및 취약계층과 작물을 생산할 수 없는 지역에서 고밀도 단백질과 기타 영양소 제공 측면에서 매우 중요하다. 전 세계적으로 가축(소, 양, 염소, 낙타, 야크, 라마 등) 사육, 육류 및 유제품 산업은 수천만 명의 사람들에게 수입과 생계를 제공한다. 인간의 식습관을 바꾸는 일 또한 어렵다.

따라서 가축에 의한 메탄 배출 감소는 사육 두수를 줄이고, 동물성 식품을 더 먹느냐 덜 먹느냐의 문제가 아닌 생산을 보다 지속 가능하게 만드는 쪽으로 초점이 맞춰지고 있다. 국민 1인당 연간 약 100kg의 고기를 먹는 미국에서도 지구온난화의 안전한 한계 내에서 고기를 계속 먹을 수 있는 방향으로 메탄 배출 감소 정책을 펴면서 소와 같은 가축 자체에서 문제를 해결하는 방법을 찾고 있다.

가축의 메탄 발생원은 1995년 독일 베를린에서 열린 제1차 유엔 기후변화협약 당사국 총회COP1에서는 “트림은 지구온난화의 요인”이라고 지적했듯이 주로 반추동물의 트림이다. 반추동물은 위 운동으로 쌓인 가스를 1분에 1회 정도 트림을 통해 방출하고 방귀로는 약 5%를 배출한다.

트림을 통한 메탄의 방출은 소 외에 양이나 염소에게서도 배출되지만 양이나 염소의 체중은 소의 10분의 1 정도이다. 다시 말해 메탄의 양은 사료의 양과 비례하기 때문에 양이나 염소에게서 배출되는 메탄은 소보다 적으나 양의 사육 두수가 많은 나라에서는 양이 메탄의 주요한 발생원이 된다.

메탄은 반추동물의 장내발효에 의한 트림이나 방귀 외에 분뇨처리 과정에서도 대기 중으로 배출한다. 정부에서는 돼지 분뇨에서 발생한 메탄가스를 포집해 전력을 생산하는 시설인 원천 에너지전환센터 건립를 통해 가축 분뇨를 에너지화 시설로 처리하거나 정화한 뒤 방류해 메탄 배출을 줄이는 방안을 추진 중에 있다.

결과적으로 가축은 키워야 하되 메탄도 줄여야 하므로 반추동물 위에서의 메탄 측정 기기와 모니터링 장치 개발, 메탄 배출을 적게 만드는 동물의 육성, 메탄 발생이 적은 사료와 사료 첨가제 개발, 사료의 급여량과 시간 개선, 반추동물 내장의 메탄올 생성 미생물의 제어와 표적인 백신 개발 등이 새로운 산업으로 떠오르며 수요도 커지고 있다. 메탄 배출 억제 측면에서 분뇨의 효과적인 처리에 관한 수요도 커지고 있다.

이처럼 축산 산업은 지구온난화가 심각해짐에 따라 메탄 감축 압력이 커지고 그로 인해 기술과 상품 시장 수요도 커지고 있다. 우리나라는 축산업에서 발생하는 메탄량이 미국, 호주, 인도처럼 많지는 않으나 메탄 발생의 억제 노력은 피할 수 없는 시대적 과제이다. 동시에 지구 차원에서 메탄 방지 기술과 상품 수요라는 커다란 시장이 전개되고 있다.

관련 기관 및 업계에서는 커지는 메탄 감축 압력에 소극적 대응이 아닌 새로운 수출 시장을 적극적으로 선점 주도하는 등 수요에 주목하고, 선제적으로 대응하고 활용할 수 있는 연구와 기술개발, 상품화와 실행이 필요하다.

7
농업에서 메탄과 이산화탄소의 트레이드오프

메탄은 농업 부문에서 많이 발생하는 온실가스라는 점에서 발생을 감축시켜야 한다는 것은 시대적 과제라 할 수 있다. 그런데 우리나라 농업에서 메탄의 주요 발생원인 논농사의 경우 메탄을 줄이면 이산화탄소가 늘어나는 트레이드오프 현상도 나타나게 되어 온실가스의 감축은 그리 간단치만은 않다.

트레이드오프Trade Off는 어느 것을 얻으려면 반드시 다른 것을 희생해야 하는 경제 관계이다. 가령 토양에 유기물 투입량을 늘리면 토양 중 탄소량이 증가하면서 이산화탄소를 흡수하는 효과가 나타나 이산화탄소의 감축에는 도움이 되지만 메탄과 아산화질소의 발생이 증가하기 쉽다◆.

◆ 출처: www.naro.affrc.go.jp 〉 magazine 〉 mgzn15212

이산화탄소는 토양 유기물의 분해 과정에서 발생하는데 담수 상태에서는 탄소를 땅속에 저장한다. 반면 메탄은 토양이 담수 등으로 환원상태가 되면 메탄 생성균의 작용으로 발생한다. 또한 신선한 유기물이 많이 존재할수록 발생량이 많아진다.

6대 온실가스 중 하나인 아산화질소 또한 유기물로서 투입되는 질소의 양이 많을수록 발생량 또한 많아진다. 탄소 삼축에 효과가 있는 유기물의 투입량 증가는 질산성 질소에 의한 지하수 오염이나 폐쇄성 수역에서 부영양화 등을 일으킬 수 있다.

농업에서는 온실가스도 중요하지만 현실적으로는 생산성도 중요하다. 친환경적이면서도 작물에 유익한 토양을 만들고, 그것을 바탕으로 생산성을 높이는 일은 농가 입장에서 우선 과제이다. 따라서 농업에서의 온실가스 감축은 세 가지의 온실가스를 종합적으로 보고 배출량을 줄여나가는 것, 다른 환경부하와의 절충, 농업의 생산성 등 종합적인 측면에서 가장 효율적인 방안을 도출해야만 한다.

8
논농사의 메탄과 온실가스

온실가스는 인간이 배출할 뿐만 아니라 자연계에서도 많이 발생하고 있다. 만약 온실가스가 없다면 지구 평균 온도는 영하 20℃ 정도의 극한의 세계가 될 것이라고 한다. 온실가스는 지구상의 생물들에게 중요한 존재이긴 하지만 인간이 여분의 온실가스를 배출하기 때문에 지구가 온난화되고 있다고 말할 수 있다.

온실가스를 언급할 때 그동안은 이산화탄소가 특히 화제가 되고 있었으나 2021년 영국에서 열린 COP26에서는 국제메탄서약이 발표됨에 따라 메탄이 주목받고 있다. 자연계 대기 중 메탄은 1.7ppm, 이산화탄소는 350ppm 정도이므로 메탄의 농도는 상대적으로 낮으나 분자당 온실효과로 비교하면 메탄은 이산화탄소의 약 20배의 영향력을 갖는다.

전 세계적으로 인간이 배출하는 메탄량은 증가하고 있는데 우리나라에서는 전체 메탄 배출량 중 43.5%가 농축산업에서 배출하고 있으며 이 중 51.7%는 논농사인 벼 재배 과정에서 배출하는 것으로 알려져 있다. 논이나 습지에서 메탄은 물이 고여 있어 산소가 줄어들면 발생하는데, 토양에서는 혐기적인 조건이 이루어지면 혐기성 세균인 메탄 생성균에 의해 메탄이 생성된다.

우리나라에서는 농업 부문 메탄 배출량 50% 이상이 벼 재배 과정에서 발생한다.

토양에서 발생한 메탄은 기포와 논의 물 표면에서 확산해 벼의 줄기를 통해 대기 중으로 방출되는데 이 중 벼의 줄기를 통해 방출되는 비율은 약 90%로 가장 높다. 그러므로 벼를 재배하면 재배하지 않는 논과 비교해 메탄 발생량이 매우 많아져 벼를 재배하는 일 자체가 메탄 배출을 증가시키게 된다.

벼를 재배하는 논 토양에서 메탄 발생량을 적산하면 많은 곳은 1m²당 20~25g의 메탄이 발생한다. 메탄 발생의 시기적 변동은 모내기 이후의 6, 7월에 발생량이 증가하고, 7월 하순부터 8월 상순의 중간물떼기 기간에는 그 발생량이 격감하고, 8, 9월에는 논에 물이 있어도 메탄의 발생량은 적어지게 된다. 그러므로 메탄 발생을 억제하기 위해서는 논에 물을 간헐적으로 대는 중간물떼기Intermittent Flooding가 매우 중요하다는 연구 결과가 많다.

메탄은 산소가 적은 조건에서 만들어지므로 토양에 산소를 공급하면 발생을 억제할 수 있다는 뜻이다. 그래서 유엔 식량농업기구와 제휴하는 일부 농업단체는 '중간물떼기'를 농민에게 권고해 왔다. 그러나 중간물떼기가 메탄의 배출을 억제하긴 하지만 그에 따라 다른 온실가스인 아산화질소의 방출이 많아진다는 연구 결과도 있다.

논 토양에서 메탄은 아산화질소뿐만 아니라 또 다른 온실가스인 이산화탄소와 관련이 있다. 유기물에 존재하는 토양탄소량을 감소시키면 농지는 이산화탄소를 배출하게 되고, 반대로 증가시키면 이산화탄소를 흡수하는 경향이 있다. 이에 토양탄소량을 증가시키려면 퇴비 등 유기물을 토양에 많이 넣어 혐기상태가 되도록 만들어 토양 유기물의 분해를 늦추는 방법이 좋은 것으로 알려져 있으나 이러한 조건에서는 메탄의 발생량이 많아지게 된다.

논농사는 이처럼 온실가스에 영향을 미치는 비중이 큰 이산화탄소, 메탄, 아산화질소 각각에 대한 배출 감축은 용이하지만 달리 생각하면 단순하지 않고 축산업보다 복잡하다. 게다가 논농사는 수많은 농민의 생존을 위한 수단이라는 점에서 각각의 온실가스 종류 간 관계, 벼 재배 생산성, 온실가스 배출 감축에 대한 시대적 요구와 농산물의 판매 등이 얽히고 얽혀있다. 농업은 이 얽힌 실타래를 풀어야 하는 어려운 과제를 안고 있다.

9
농가에 도움이 되는, 반추동물의 메탄 배출 억제

소와 같은 반추동물(되새김동물)의 트림에는 소화관 내 발효에 의해 생산되는 메탄이 포함되어 있어 소 한 마리당 하루에 200~600L의 메탄이 배출된다. 반추가축의 소화기관 발효에 의해 생성되는 전 세계 메탄 배출량은 20억 t(이산화탄소 환산)으로 추정하며, 전 세계에서 배출되는 온실가스의 약 4%(이산화탄소 환산)를 차지한다.

반추동물은 네 개의 위가 있는데 소의 경우 제1위와 제2위의 내용액에는 1L당 10조 개 이상의 미생물(세균, 고세균Archaea, 古細菌) 등이 서식한다. 제1위인 되새김 위에는 8,000종 정도의 미생물이 있는데 그 미생물들은 인간이 섭취할 수 없는 풀을 단백질로 변환해 우유나 고기를 생산하고 있다. 미생물이 풀을 분해·이용할 때에 프로피온산Propionic Acid과 메탄 등이 생성되는데 이는 각각 박테리아와 고세균의 대표적인 대사 산물이다.

반추동물의 대사 산물인 메탄은 95%가 트림에 의해서 배출되는데 섭취 사료 중 2~15% 정도의 에너지가 트림으로 소비된다. 그러므로 농가는 가축을 사육할 때 온실가스인 메탄을 생산하기 위한 비용을 지불하고 있는 셈이다. 이 메탄의 배출을 억제하면 에너지의 손실이 줄어늘어 '반추동물의 생산성 향상'이 되고 '지구온난화의 완화' 효과라는 일석이조가 된다.

반추동물의 메탄 발생은 같은 사료를 먹는다 해도 개체 간 차이가 있다. 반추동물이 섭취하는 사료의 양이나 종류에 따라서도 달라진다. 이러한 특성을 바탕으로 반추동물이 배출하는 메탄을 줄이기 위해 ① 메탄 발생량이 적은 개체의 반추동물 육성, ② 백신, ③ 마이크로바이옴미생물총의 이식, ④ 다양한 영양보조사료 및 첨가제 급여, ⑤ 효율적인 사료 급여 등의 측면에서 연구와 실행이 이루어지고 있다.

반추동물의 개체 간 메탄 발생의 차이는 제1위 내 발효의 개체 간 차이로 위 내 미생물과도 관련이 있다. 소의 경우 소의 제1위 내 세균은 약 2,400종이 알려져 있으나 특수한 영양 환경이기 때문에 배양 가능한 것은 20% 정도이며 아직도 그 기능을 알 수 없는 세균이 많은 것이 현실이다.

현재 알려진 내용으로는 제1위 내에서 프로피온산이 많이 생산되면 메탄 생산이 억제된다는 점이다. 일본 농연기구에서는 이점에 착안하여 프로피온산 농도가 높은 유용 소로부터 숙신산, 젖산, 말산 등의 프로피온산 전구물질을 생산하는 신규 혐기성 세균Prevotella, 속 세균의 분리에 성공해 소의 사육에 부정적인 영향 없이 메탄 생산 억제 효과가 기대되고 있다.

메탄 생성에 관여하는 효소(메틸코엔자임 M 환원효소)의 억제제로서 3-니트록시프로판올3NOP: 3-nitrooxypropanol이라는 화학물질도 주목받고 있다. 젖소(홀스타인)의 사료에 3NOP을 첨가하여 급여한 결과 사료의 섭취량, 산유량에는 변화가 거의 없이 실험기간 동안 젖소의 체중이 증가한 경향을 보였다는 보고가 있다. 이는 메탄 생성에 사용된 에너지가 체중 증가에 이용된 것으로 추정하고 있다.

국내에서는 국립축산과학원이 한우와 젖소의 메탄 배출을 감소시키기 위해 미네랄 블록을 개발했다. 소금 85%와 미네랄 성분 15%로 구성된 이 블록은 소가 핥아먹게 만들어져 있는데, 메탄 배출 감소에 효과적인 것으로 알려져 있다. 소의 미네랄염 섭취로 인한 장내 메탄 배출의 효과적인 완화는 메탄 생성 고세균의 밀도 감소에 기인

국립축산과학원에서 메탄 배출 감축용으로 개발한 미네랄 블록

미네랄 블록을 핥아 먹고 있는 소

할 수 있는 것으로 알려져 있다.

반추동물의 메탄 배출 억제는 이처럼 농장 수준에서 경제적으로 유리한 장점이 있음에도 온실가스 측면에서 부각되다 보니 농가 입장에서는 메탄의 배출 감축 위주의 사육은 '반추동물의 생산성 저하' 우려라는 생각을 갖기 쉬워 메탄 발생 억제가 비효율적으로 생각되기 쉽다. 따라서 '메탄 발생 억제 = 반추동물의 생산성 향상'이라는 메시지를 분명히 하고 이를 통해 메탄 발생 억제를 위한 연구개발 및 보급이 이루어져야 한다.

10
칼륨 억제 벼 재배는 지구온난화 대책 기술

지구온난화가 빠르게 진행되고 있는 농업 분야에서는 현재 퇴비 등을 농지에 시용해 토양에 적극적으로 탄소를 축적시키려는 시도가 추진되고 있다. 그러나 토양에 시용한 퇴비는 미생물 등의 작용에 의해 분해되어 최종적으로는 이산화탄소로 대기에 방출되므로 모두 축적되지는 않는다.

탄소를 많이 포함한 토양은 알루미늄 등과 결합하여 분해되기 어려운 형태로 변한 탄소가 수천 년간 축적되어 있는 것으로 알려져 있으나 그 형성 메커니즘은 밝혀져 있지 않다. 이에 지구온난화 대책으로서 미생물이 분해하기 어려운(난 분해성) 탄소를 토양에 축적시키기 위한 기술 개발이 요구되고 있다.

일본 농업연구소기구農研機構와 류코쿠 대학은 이러한 배경을 바탕으로 재배 면적이 가장 많은 벼를 대상으로 논 토양 중 난

분해성難分解性 탄소의 형성·축적 메커니즘을 해명하기 위한 연구 결과를 발표했다.

연구 결과에 의하면 연구용 논에 벼를 재배한 결과 칼륨 시비를 억제하여 재배한 논의 토양에서는 알루미늄 등과 결합한 난분해성 탄소가 11년간 10a당 76.3kg(1년간 평균 10a당 6.9kg)이 축적된 것으로 나타났다. 칼륨을 충분히 시비해서 재배한 논의 토양에서는 난분해성 탄소는 축적되지 않았다.

칼륨과 규산의 공급량(비료, 관개수, 토양에서 유래한 이용하기 쉬운 형태의 칼륨, 규산)과 벼 흡수량을 비교한 결과 벼 흡수량은 공급량을 크게 초과했고, 그 결과 식물이 이용할 수 있는 칼륨과 규산의 양은 지표가 되는 토양의 교환성 칼륨과 가급태 규산은 감소했으나 벼는 양호하게 자랐고 수량 및 칼륨과 규산 흡수량은 저하되지 않았다. 이는 흡수하기 쉬운 형태의 칼륨 공급량이 부족해도 벼 뿌리가 토양의 광물을 부수고 시비 등으로 부족한 칼륨·규산을 흡수한다는 사실을 의미한다.

토양의 광물은 칼륨, 규산 이외에 알루미늄을 포함하기 때문에 벼가 광물을 부수고 칼륨과 규산을 흡수하면 알루미늄이 토양에 남게 된다. 토양에서 알루미늄은 탄소와 빠르게 결합하여 난분해성 탄소를 형성한다. 벼 재배 논 토양에는 이러한 메커니즘으로 난분해성 탄소가 축적된 것으로 판단된다.

이상의 결과를 종합해 보면 벼 재배 시 비료 등으로부터 공급되는 칼륨이 부족할 경우, 벼는 광물을 부수고 필요한 양의 칼륨·규산을 흡수하고 그 결과 토양에는 난분해성 탄소가 축적된다는 사실을 알 수 있다. 이는 칼륨 시비를 제어하는 벼 재배에 의해 난분해성 탄소의 토양 축적을 인위적으로 촉진할 수 있는 가능성을 보여주고 있다.

앞으로 광물을 부수고 칼륨, 규산을 이용하는 능력이 벼의 품종에 따라 다른지, 벼를 재배한 논과 같이 알루미늄이 축적되어 있는 토양에 퇴비 등을 투입하면 난분해성 탄소 축적이 더욱 촉진되는지, 칼륨 제어 가능한 토양 모재(지질)는 무엇인지, 장기적인 칼륨 억제 재배가 수확량에 미치는 영향 등에 대한 보충 연구가 필요하나 위의 연구 성과는 지구온난화 대책의 새로운 기술 개발로 이어질 것이다.

11
작물 품종 육성에 의한 온실가스 감축

화학비료Chemical Fertilizer는 무기질 원료를 이용하여 화학적 방법으로 제조한 비료로 무기질 비료라고도 한다. 1843년 처음으로 화학비료가 만들어진 이후 현대 농업에서 큰 비중을 차지하고 있다. 화학비료 중 질소는 비료의 3요소로 농작물의 재배에 많이 사용된다.

질소비료는 주요 비료이긴 하지만 농지에 시비한 비료의 과반은 작물에 흡수되지 않고 농지 밖으로 용탈 유출된다. 이렇게 손실된 질소비료 대부분은 토양세균에 의한 '질화窒化'의 원인이 된다. 질화는 토양의 질화균이 질소비료를 구성하는 암모니아태질소(암모늄)를 질산태질소로 산화시키는 반응경로로 지구의 질소 순환에 매우 중요한 과정이다. 그러나 작물의 생산성 향상을 위한 과도한 시비는 과도한 질화에 의해 여분의 질산태질소가 만들어진다.

질산태질소는 마이너스 전하를 가지고 있어 토양 입자에 흡착되기 어려워 비가 오면 경작토作土에 머무르지 않고 지하로 유출되기 쉬우므로 밭작물에 이용하기 어려운 질소 형태이다. 작물에 흡수되지 않고 용탈한 잉여 질산태질소는 식수로서의 지하수 오염과 부영양화 등 수권 환경 악화를 일으킨다. 암모늄이 질화할 때에는 이산화탄소 대비 298배의 온실효과가 있으며 아산화질소 N_2O 도 생긴다.

질화균에 의한 질화를 억제하는 기술은 작물의 질소 이용효율을 향상시킬 뿐만 아니라 질소비료의 손실과 환경오염을 줄이고 지구온난화 완화로 이어진다. 특히 밀은 세계 3대 곡물 중 하나로 널리 재배되는 작물이므로 질소 이용효율의 향상에 의한 질소비료의 손실을 줄이고 환경오염의 저감 필요성이 크다.

일본 국립연구개발법인 국제 농림수산업연구센터는 이러한 배경에서 국제 밀·옥수수 개량 센터CIMMYT, 바스크 대학, 일본 대학생물자원과학부와 공동으로 질소 비료의 양을 줄여도 높은 생산성을 나타내는 생물학적 질산화 억제BNI: Biological Nitrification Inhibition 강화밀 개발에 성공했다◆.

BNI 강화밀은 토양 염화 질화를 늦추고 토양의 질산 농도를

◆ 출처: DOI: www.doi.org/10.1073/pnas.2106595118

향상시켜 낮은 질소 환경에서도 밀 생산성을 높일 수 있다. 이로써 질화에 의한 농지에서의 온실가스 배출량과 수질 오염을 줄이고 생산성을 향상시키면서 지구온난화를 완화하는 것이 기대 가능해졌다◆.

작물은 종류와 품종에 따라 비료 요구도와 병충해 저항성이 달라지므로 지구환경을 고려한 품종 개발이 필요하다.

위의 연구와 밀 육성은 농작물의 품종을 변경하는 것만으로 비료를 줄일 수 있고, 생산성을 높이면서 환경부하도 경감될 수 있음을 의미한다. 따라서 농작물의 품종 육성은 병충해에 강해서 재배가 용이하고 우수한 품질의 다수확 특성뿐만 아니라 지구 환경보전 측면에서 온실가스를 줄이는 방법 중의 하나가 될 수 있다.

◆ 출처: Proceedings of the National Academy of Sciences of United States of America (PNAS)

12
탄소의 유효 이용기술에 의한 농작물 생산성 향상

지구온난화 원인 물질 중 이산화탄소는 배출량이 많아 온실가스 주범으로 여겨지고 있으며, 농도 증가에 따른 악영향만 주목되고 있으나 농업에서는 좋은 영향도 있다.

이산화탄소는 식물 성장에 필수적인 원료로 그 농도가 증가하면 광합성 속도가 증가하고 식물의 성장이 진행된다. 지금의 자연환경에서는 과거보다 이산화탄소 농도가 증가했는데 이는 기후변화에 영향을 미쳐 농작물 재배에도 피해를 주어 생산량 감소가 일어나고 있으나 증가한 이산화탄소가 식물의 생장에 긍정적인 영향을 미쳐 피해가 상쇄된다는 연구 보고서가 있다◆.

농업에서는 이산화탄소의 이러한 효과를 활용하기 위해 이산

◆ 출처: Lobell et al., 2011.

화탄소 시비법이 개발, 활용되고 있다. 다양한 농작물에 대한 이산화탄소 시비 실험 결과에서는 이산화탄소의 시비에 의해 생장량이 20% 정도 상승되는 효과가 있는 것으로 나타나 있다.

작물에서의 이산화탄소 시비 효과는 광합성과 관련이 깊다. 식물은 잎에 존재하는 기공에서 이산화탄소를 흡수한 뒤 체내의 수분을 원료로 하여 산소와 유기물(포도당)을 생성한다(광합성). 그리고 이 유기물은 생장이나 과일의 생산에 사용된다. 따라서 일반적으로 이산화탄소 농도가 상승하면 광합성 속도가 증가하고 과일의 생산도 이루어진다. 이것이 이산화탄소 시비 효과이다. 이산화탄소 농도가 충분하게 유지되는 환경에서는 이 효과로 인해 기공이 닫혀 수분 증발(증산)이 감소되고 물이 절약된다.

농업에서는 이산화탄소 시비 효과가 좋아 일부 시설원예에서 활용되고 있다. 시설원예 현장에서 이산화탄소 시비에 이용되는 것은 등유 연소 방식, LPG액화 석유 가스 연소 방식, 액화 탄산 가스 방식이 많이 이용된다. 미국과 유럽에서는 이산화탄소 시비를 위해 일부러 이산화탄소를 만들지 않고 공업 유래의 배기가스 등으로부터 분리된 대량의 이산화탄소를 이용하는 경우가 많다.

미국과 유럽처럼 공업 유래의 이산화탄소를 농업에 이용하면 농업의 생산성 못지않게 지구온난화의 주요 원인 물질을 생산적으로 소비한다는 측면에서 의미가 깊다.

탄산시비를 위한 액화 탄산가스 탱크

공업 유래의 배기가스에서 이산화탄소의 분리와 저장 기술은 나날이 발전하고 있다. 화력발전소 등에서 배기가스 중의 이산화탄소를 분리·회수하여 유효 이용 또는 지하에 저류하는 기술CCUS: Carbon Dioxide Capture, Utilization and Storage 또한 발전하고 있으므로 이것을 농업에 활용하는 것도 어렵지 않은 시대가 되었다.

지구온난화의 주요 원인 물질인 이산화탄소의 격리가 쉬워졌고, 스마트팜의 도입이 빨라지면서 대형 식물공장이 등장하고 있으며, 열대와 아열대 작물 재배를 위한 시설원예도 증가하고 있다. 이들 시설에서는 공업 유래의 이산화탄소를 활용하기 용이해져 농업에서 이산화탄소의 유효 유용 기술CCU: Carbon Capture and Utilization의 활용 필요성과 가치가 크다.

농업에서 이산화탄소의 유효 이용기술 추진은 각 기술을 새롭게 개발하는 것이 아니라 기존의 여러 기술을 통합함으로써 쉽게 할 수 있다. 그러므로 관련 기관에서는 각각의 분야에서 개발된 이산화탄소 관련 기술을 농업에서도 통합적으로 활용하면 성과를 쉽게 낼 수 있을 것이다.

13
탄소 유효 이용기술, 트리제네레이션과 시설원예

곡성군 입면 송전리에는 파파야를 생산하는 '임마누엘 아트팜'이 있다. 약 4,000평 규모의 농장에서 아열대 작물인 파파야를 생산하고 있는데 난방비는 크게 들지 않고 있다. 그 이유는 인근의 금호타이어 공장에서 나오는 산업폐열을 이용하고 있기 때문이다.

곡성의 파파야 농장에서 산업폐열을 이용하고 있는 것처럼 산업현장에서 이산화탄소를 포집한 것이나 자가 발전 및 보일러에 포함된 이산화탄소를 농업에 이용하는 트리제네레이션Tri-Generation이 확대되고 있다.

트리제네레이션은 코제네레이션Cogeneration에서 발전한 것으로 코제네레이션은 '공동'이나 '공통'이라는 의미를 가지는 '코co-'로 시작하는 이름 그대로, 두 개의 에너지를 동시에 생산해

공장의 폐열을 이용하고 있는 곡성의 파파야 농장

공급하는 구조이다. 열병합시스템을 대표적인 예로 들 수 있는데 코제네레이션으로 발전장치를 사용하여 전기를 만들고, 다음으로 발전 시에 배출되는 열을 회수하여 급탕이나 난방 등에 이용한다.

트리제네레이션은 열과 전력 두 개를 활용하는 코제네레이션을 발전시킨 것으로 열과 전기를 생산하는 과정에서 발생하는 이산화탄소 CO_2를 유효하게 활용하는 일석삼조의 삼중에너지 활용법이며, 이는 교토의정서 발효를 계기로 최근에 도입된 용어다.

트리제네레이션에는 이산화탄소를 농작물의 생육 촉진에 사용하는 농업 트리제네레이션과 알칼리 폐액의 중화작용, 건축재료 제조◆에 이용하는 등 공업용의 공업 트리제네레이션이 있다.

최근에는 이산화탄소 회수저류 = 이산화탄소를 배기로부터 분리·회수하여 지하대수층에 주입하여 가두는 시스템CCS: Carbon Dioxide Capture and Storage의 기술을 응용하여 회수한 고농도의 이산화탄소를 농업이나 공업에 이용하는 이산화탄소의 회수·재이용이 트리제네레이션의 발전형으로 주목받고 있다.

공업과 농업 트리제네레이션 중 공업 분야는 해결해야 할 문제점이 많아 현재는 농업 트리제네레이션의 이용이 확대되고 있다. 일반적으로 작물 재배 시 이산화탄소 농도를 대기 중에 함유된 360ppm 정도 수준보다 높은 700~1,000ppm으로 높이면 엽채류는 24~30%, 열매는 20%, 화훼는 40% 정도로 수확량이 증가하므로 농업 트리제네레이션이 보다 빠르게 확대되고 있다.

농업 트리제네레이션을 적극적으로 활용하고 있는 곳은 네덜란드이다. 네덜란드의 시설원예에서는 천연가스를 이용한 대형 발전 설비를 설치하여 발전한 전기를 시설 내에서 이용하고, 남은 전력은 판매하고 있다. 발전 시에 발생하는 열은 온실을 따뜻하게 만들기 위해 사용하고, 발전 시에 발생하는 이산화탄소는 파이프를 이용해 온실 내부로 보낸다. 작물은 흡수한 이산화탄소와 태양광으로 광합성을 함으로써 성장이 촉진된다.

공장과 정유소에서 배출되는 이산화탄소도 시설원예에 적극적으로 활용하고 있다. 로열더치 쉘Royal Dutch Shell 정유소에서는

◆ 탄산염광물에 이산화탄소를 첨가하여 제조

2005년부터 정제 공정에서 배출되는 이산화탄소를 거의 100% 농도까지 높여 원예 농가 시설에 공급하고 있다. 바이오에탄올 제조회사에서도 약 500농가에게 연간 30만 t의 이산화탄소를 공급하고 있다.

공장 측은 배출하는 이산화탄소를 삭감하고, 농가는 작물의 생육을 높이는 장점이 있다. 네덜란드에서는 농업 트리제네레이션의 장점을 활용하기 위해 석유 정제 공장이나 쓰레기 소각 시설 등의 공장 인근에 온실과 시설원예 단지를 늘리고 있다.

농업 트리제네레이션은 네덜란드에서 앞서가고 있으나 많은 나라에서 이산화탄소의 감축과 농업 생산성을 높이기 위해 도입 활용이 늘어나고 있다. 우리나라 또한 전남 곡성의 파파야

난방을 하는 시설원예에서는 탄소가 발생하고
탄소 시비 효과가 크므로 트리제네레이션의 필요도가 높다.

농장에서 산업폐열을 성공적으로 이용하고 있는 것처럼 산업 현장에서 배출되는 이산화탄소와 대형 온실의 자가 발전, 보일러에서 발생하는 이산화탄소를 시설원예에 유용하게 이용하는 기술 개발과 활용에 박차를 가해 일석삼조의 효과를 거두길 기대한다.

저탄소 인증과 탄소 배출권 거래

1
국내의 저탄소 농축산물 인증제

우리나라 농업은 국내 다른 산업 부문과 비교했을 때 온실가스 배출 규모가 작다. 농업의 경영 규모도 작아 강제적 온실가스 감축 규제를 한다 해도 효율성이 낮으나 국가의 온실가스 감축 목표 달성과 국제사회의 일원으로서 역할을 하기 위해서는 농업에서도 탄소 감축은 피할 수 없는 일이 되었다.

농업의 탄소중립 수단에는 농가 스스로 온실가스 감축 노력, 탄소세 부과, 저탄소 농축산물 인증제, 탄소 배출권 거래제 등으로 다양하나 국내에서는 자발적 온실가스 감축사업, 온실가스 배출권 거래제 외부사업과 함께 '저탄소 농축산물 인증제'를 실시하고 있다. 저탄소 농축산물 인증제와 유사한 인증제에는 환경부의 환경성적표지 중 탄소발자국 인증이 있으나 인증대상은 '1차 농수축산물 및 임산물, 의약품 및 의료기기를 제외한 모든 제품'이므로 저탄소 농축산물과는 대상이 다르다.

국가 농식품 인증제도인 저탄소 농축산물 인증제는 국가의 온실가스 감축 목표 달성을 위하여 생산 전 과정에서 온실가스 배출을 줄인 농축산물에 대해 저탄소 인증을 부여함으로써 농가의 자발적인 온실가스 감축을 유도하며 소비자에게는 윤리적 소비의 선택권을 제공하는 시장기반형 감축 제도이다.

국내에서 저탄소 농축산물 인증제는 '농림수산식품 기후변화 대응 세부추진계획(2011년 12월)'의 하나로 2012년 시범사업부터 시작했다. 2014년 '저탄소 농축산물인증제 운영규정◆'이 제정되어 제도 운영의 근거를 확보하였으며 2014년부터 '농식품 국가인증 표지'를 인증농산물에 표지하기 시작했다.

저탄소 농축산물 인증제의 사업 시행 주체는 한국농업기술진흥원이며 저탄소 농축산물 인증취득을 위해서는 세 가지 자격요건을 갖추고 '저탄소 인증기준'을 만족해야 한다. 세 가지 자격요건 중 첫째 자격요건은 인증을 신청하고자 하는 품목이 인증대상 품목에 해당되어야 한다. 둘째는 온실가스 배출량만으로는 먹거리 안전을 보증할 수 없다는 점에서 친환경(유기농, 무농약) 또는 우수농산물관리제도GAP 인증의 사전취득이 인증요건으로 되어 있다.

◆ 출처: 농식품부 고시 제2014-18호, 2014.03.14.

저탄소 인증대상 품목

구분	인증 가능 품목
식량작물(7)	감자, 고구마, 벼, 보리, 옥수수, 콩, 밀
채소(28)	수박, 무, 배추, 파, 양배추, 생강, 연근, 당근, 부추, 시금치, 참외, 딸기, 오이, 브로콜리, 토마토, 방울토마토, 상추, 고추, 호박, 가지, 취나물, 착색단고추(파프리카), 마늘, 양파, 들깻잎, 단고추(피망), 멜론, 미나리
과수(15)	사과, 배, 복숭아, 단감, 포도, 밀감, 체리, 참다래, 유자, 자두, 매실, 복분자, 만감, 무화과, 블루베리
특용약용작물(9)	녹차, 느타리버섯, 더덕, 땅콩, 새송이버섯, 양송이버섯, 오미자, 인삼, 참깨

출처: 스마트그린푸드(www.smartgreenfood.org)

셋째는 저탄소 농업기술로 농업 생산과정 전반에 투입되는 비료, 농약, 농자재와 에너지 절감을 통해 온실가스 배출을 줄이는 영농방법 및 해당 기술인 탄소 농업기술을 적용하여 생산된 것이어야 한다.

목재 펠릿 난방 장치

위의 세 가지 자격요건을 만족하면 해당 농산물의 온실가스 배출량을 산정하고 그 값이 인증기준인 해당 품목의 인증 배출량 기준보다 적은 농산물에 대해 저탄소 인증을 부여한다. 인증 기준에 해당하는 인증 배출

저탄소 농축산물 인증제에서 인정하는 '저탄소 농업기술(2022)'

분류 기준	구분	저탄소 농업기술명
비료 및 작물 보호제 절감 기술	1	최적비료 사용
	2	경축순환 농업
	3	자가제조 농자재 사용 농법
	4	풋거름 작물 재배(초생 재배, 녹지 재배)
	5	순환식 수경 재배(폐양액 재활용 시스템)
	6	생물적 자원을 이용한 제초 및 방제
난방 에너지 절감 기술	1	다겹보온커튼 및 보온터널 자동개폐 장치
	2	축열 물주머니 이용 보온 장치
	3	수막재배 시스템
	4	농업용 열 회수형 환기 장치
	5	온풍난방기 배기열 회수 장치
	6	목재 펠릿 난방 장치
	7	지열 히트펌프 시스템
	8	폐열 재이용 난방 시스템
	9	일사량 감응 전자동 변온관리 시스템
농기계 에너지 절감 기술	1	직파 재배
	2	무경운 및 부분 경운
농업용수 관리 기술	1	빗물 재활용 기술
	2	논의 물관리 기술

출처: 스마트그린푸드(www.smartgreenfood.org)

량 기준은 농촌진흥청에서 매년 발간하는 〈농축산물 소득자료집 통계자료〉를 기초로 하여 농산물 품목의 평균(5년간) 온실가스 배출량을 산정하고, 이를 인증 기준으로 한국농업기술진흥원 세부운영 요령에서 제시하고 있다.

저탄소 인증기준을 위한 과정 첫 번째는 신청 및 접수 단계로 인증 희망 농가(경영체)가 인증 신청서와 온실가스 산정보고서를 인증기관에 제출한다. 두 번째는 심사 단계로 인증심사반은 접수한 신청서류, 산정보고서, 현장 심사를 실시하고, 결과 보고서를 작성하여 인증기관(한국농업기술진흥원)에 제출한다. 세 번째는 심의 단계로 인증기관은 심의위원회를 구성, 심사 결과에 대한 인증 적합 여부를 심의한다. 네 번째는 표시 단계로 인증기준에 부합하고 심의 결과가 적합으로 의결 시 해당 농산물에 대하여 인증을 부여하며 유효기간은 2년이다. 마지막은 사후관리로 인증품에 대해서는 매년 1회 이상 사후관리를 실시하는 것으로 저탄소 재배 방법 및 재배 품목의 지속적 유지 여부, 영농 자료 등(유통) 비인증농산물과 혼합 여부, 인증표시 사항 및 기재 내용의 적정성 여부 등을 관리한다.

저탄소 농축산물 인증제와 관련해서 농업인을 위한 지원 내용은 인증 교육 실시, 온실가스 산정보고서 작성을 위한 컨설팅과

소비자 신뢰도를 높이기 위한 농식품 국가 인증 저탄소 인증 표지

인증취득 지원, 그린카드 연계와 인증농산물 유통지원 등 소비자가 그린카드로 저탄소 농산물 구매 시 최대 9% 포인트 적립하게 한다.

품목 인증을 받은 농가 및 농업경영체 등은 '농식품 국가인증 공동표지'에 의한 저탄소 인증 표시를 사용할 수 있다.

저탄소 농축산물 인증제의 실시로 인해 정부는 국가 온실가스 감축 목표 달성 외에도 농업 생산 과정에 투입되는 각종 영농자재를 정량적으로 관리, 검증하고 인증 기준에 적합하게 생산할 수 있도록 유도하여 기후변화에 미치는 환경부하를 최소화하고, 효율적인 농업 생산 시스템을 구축해 소비자에게 윤리적 소비 선택권을 제공할 수 있다.

농가와 농업경영체의 경우 온실가스 배출 최소화에 참여한다는 자부심을 가지며 효율적인 생산으로 인한 경영비 절감과 저탄소 농산물의 인증에 따른 생산품의 브랜드 가치를 향상시켜 판매촉진과 경제적 이익으로 환원할 수 있다.

농축산물 유통업체의 경우 대형마트, 온오프라인 회사들이 회사의 환경친화적인 이미지 구축과 지속 가능한 농축산물, 환경친화적 이미지, 프리미엄 농축산물의 취급에 따른 차별화된 마케팅 전략 차원에서 자발적으로 유통 취급량을 증가시키고 있다.

저탄소 농축산물의 유통회사에서는 기후변화에 대한 소비자의 인식이 높아짐에 따라 저탄소 인증을 받은 농산물에 환경친화적인 농산물이라는 차별화된 마케팅을 펼칠 수 있다. 온실가스 감축을 적극적으로 지지하는 소비자들에게 저탄소 농산물의 유통과 공급은 물론 판촉 기회의 확장에 따른 이익 창출 기회 또한 많아지게 된다. 소비자들은 지구의 건강, 나와 후손을 위한 선택의 범위가 넓어지는 장점이 있다.

저탄소 농산물 인증은 위와 같이 각 주체 모두에게 좋다. 전 세계적으로도 저탄소 기조와 함께 저탄소 농축산물을 바라보는 소비자의 인식도 점차 높아지고 있음에 따라 저탄소 농산물 시장 확대와 저탄소 농축산물 인증제의 효용성도 커질 것으로 기대한다.

인증상품에 대한 정보는 한국농업기술진흥원 기후변화대응팀에서 운영하는 누리집 스마트그린푸드◆에 소개되어 있다.

◆ 출처: www.smartgreenfood.org

2
농업 부문 자발적 온실가스 감축사업 의의와 종류

농업·농촌의 자발적 온실가스 감축사업은 특정 법령에 의해 의무적으로 실천하는 것이 아닌 자발적으로 시행하는 사업이다. 농업인이 기존 영농활동으로 인해 발생하는 온실가스를 추가적인 활동(저탄소 농업기술)을 통해 감축하면 줄어든 감축량만큼 거래(정부구매 또는 탄소시장 활용)하여 농업인이 에너지 비용 등의 영농비용의 절감과 추가소득을 올리게 만드는 사업이다

자발적 온실가스 감축사업에서 저탄소 농업기술은 농업 부문의 에너지 이용효율 향상기술, 친환경 농업기술, 신재생에너지 사업 등 온실가스를 감축할 수 있는 새로운 기술을 말한다.

감축사업에 해당되는 것은 방법론이 있는 기술만으로 한정되며, 자발적 온실가스 감축사업 종류에는 크게 사회공헌형과 탄소 거래형으로 구분된다. 사회공헌형은 '농업·농촌 자발적 온실

가스 감축사업'의 운영 규정을 만족하는 사업을 대상으로 하며, 감축 실적은 농림축산식품부에서 구매한다. 탄소 거래형은 '온실가스 배출권 거래제 외부사업'의 '외부사업 타당성 평가 및 감축량 인증에 관한 지침'을 만족하는 사업을 대상으로 하며 감축 실적은 배출권 거래 시장에서 거래된다. 사업대상은 국내에서 실시하는 농업활동과 연관된 감축사업이며 자발적으로 시행하는 사업 규모와 종류에 따라 구분된다. 사업 규모에 따라서는 ① 소규모 감축사업(연간 예상 감축량이 2만 tCO_2 이하)과 ② 일반 감

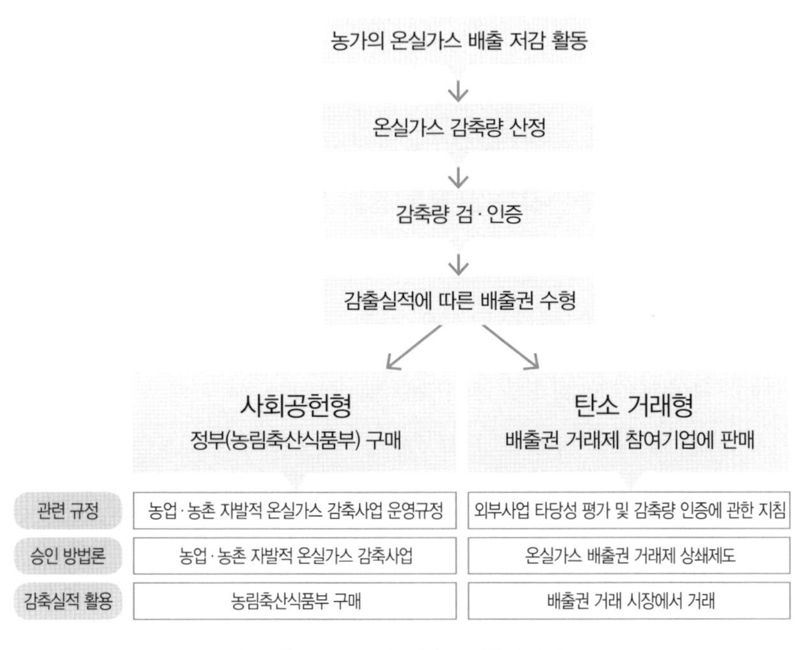

농업·농촌의 자발적 온실가스 감축사업의 종류

출처: www.smartgreenfood.org

축사업(2만 tCO_2를 초과하는 일반 감축사업)으로 구분된다.

사업 종류에 따라서는 ① 단일 감축사업(단일 사업장의 조직 경계 내에서 한 가지 이상의 저탄소 농업기술을 이용하는 단일 감축사업), ② 지역 단위 감축사업(시, 읍, 면 등 기초 행정구역 내에서 이루어지는 다른 저탄소 농업기술의 소규모 감축사업들을 하나로 묶어 등록할 수 있는 사업), ③ 묶음 형 감축사업(동일 저탄소 농업기술을 적용한 여러 개의 사업을 하나로 묶어 등록할 수 있는 사업), ④ 정책 감축사업(국가 정책 등의 조직적인 활동에 의해 중장기적으로 시행되는 사업을 정책 감축사업으로 등록할 수 있으며 동일한 감축사업을 단위사업으로 상시 추가시킬 수 있도록 하는 사업)으로 구분된다.

사업 모델에는 농민이 자발적으로 참여하는 것과 농민과 함께 기업이 자발적으로 참여하는 모델 등으로 구분할 수 있다. 농민이 자발적으로 참여하는 모델은 정부 및 기업에서 감축 실적을 구매함으로써 저탄소 활동의 소득화, 에너지 비용 절감과 감축 실적을 획득할 수 있다. 기업은 감축실적 구매에 의해 감축규제 외부 감축실적을 인정받을 수 있다.

농민과 함께 기업이 자발적으로 참여하는 모델은 기업이 감축 기술 및 설비자금을 투자함에 따라 농업인은 감축 기술과 설비 구축 에너지 비용이 절감되고, 감축 실적을 기업에게 제공하면 기업은 감축 실적을 획득하고 기업홍보 및 마케팅에 활용함과 동시에 기업 이미지 개선에도 활용할 수 있다.

3
농업·농촌 자발적 온실가스 감축사업

농업·농촌의 자발적 온실가스 감축사업은 농업인이 기존 영농활동으로 인해 발생하는 온실가스에 대해 에너지 절감 시설 등의 구축을 통해 감축하는 것이다. 그에 따라 정부에서는 감축량만큼 인센티브를 지급하고, 농업인은 추가소득을 획득하게 되며 동시에 에너지 비용 등 영농비용을 절감하는 사업으로 정부구매형 감축사업이라 할 수 있다.

자발적 온실가스 감축사업에서 저탄소 농업기술은 농업 부문의 에너지 이용효율 향상기술, 친환경 농업기술, 신재생에너지 사업 등 온실가스를 감축할 수 있는 새로운 기술을 말하며 감축사업에서는 방법론이 있는 기술만 등록할 수 있다.

이 사업은 2012년부터 2014년까지 시범 운영을 거쳐 2015년부터 본격적으로 사업을 실시하고 있다. 농업 분야의 감축사업

등록된 농업·농촌 자발적 온실가스 감축사업 방법론

구분	연번	방법론
에너지 이용효율화 사업	1	미활용 에너지를 이용한 농업시설의 온실가스 감축 방법론
	2	순환식 수막재배를 이용한 화석연료 사용량 절감 방법론
	3	LED 조명 기기 설치를 통한 농업시설의 화석연료 사용량 절감 방법론
	4	고효율 보온자재를 이용한 농업시설의 난방용 에너지 사용량
신재생에너지 사업	5	지열 에너지를 이용한 농업시설의 화석연료 사용량 절감 방법론
	6	재생에너지(태양광, 태양열, 소수력, 풍력) 방법론
질소질 비료 절감 사업	7	녹비작물을 이용한 질소질 비료 사용 저감 방법론
	8	완효성 비료를 이용한 질소질 비료 사용 저감 방법론
	9	부산물 비료를 이용한 질소질 비료 사용 저감 방법론
농축산 부산물 등 바이오매스 활용 사업	10	목질 바이오매스를 이용한 농업시설의 화석연료 사용량 절감 방법론
	11	바이오가스 플랜트를 통한 온실가스 감축 방법론
	12	왕겨를 이용한 RPC 곡물 건조 열원 대체 방법론
기타 감축사업 사업	13	보존 경운에 따른 온실가스 감축 방법론
	14	논벼 재배 시 물관리를 통한 온실가스 감축 방법론
	15	토지의 이용방법 전환을 통한 메탄 감축 방법론

출처: 스마트그린푸드(www.smartgreenfood.org)

은 100t 이하의 소규모 사업이 주류를 이루고 있어 그 특성상 경제성 측면에서 개별 농가의 모니터링 수행이 어려운 경우가 많다.

농식품부에서는 국내 농가의 현황을 고려하여 측정 기반의 모니터링이 어려운 농가에 표준계수값Default을 제공하거나 국가 통계를 중심으로 모니터링할 수 있는 방법 등을 구축하여 농가의 감축사업 이행을 용이하게 돕고 있다. 사업을 통한 감축실적은 정부가 구매함으로써 농업 부문의 저탄소 생산기반 확대, 자원순환형 농업시스템 구축 등 공익적 가치를 추구하는 탄소상쇄 사업으로 추진하고 있다.

농업·농촌의 자발적 온실가스 감축사업의 사업대상은 저탄소 농업기술을 적용하여 생산하고 있는 농가, 작목반, 영농조합법인, 농업회사법인과 그 대리인 외에 도농업기술원, 농업기술센터 등 농업기관, 농업 및 산림 협동조합, 산학기관 등 그 범위가 넓다. 사업 등록 후 데이터 등의 사후관리 또한 어려움이 예상됨에 따라 이를 해소하기 위하여 사업별로 모니터링 관리 및 보고서 작성 등의 역할을 담당할 사업관리자를 두어 사업 등록에서부터 승인까지 사업 보조 역할을 지원하는 제도를 운영하고 있다.

배출권 거래제 외부사업이 시행된 2017년부터는 농가의 자발적 온실가스 감축활동의 자생력을 높이기 위하여 기존 1t당 1만 원의 정부 구매 방식 이외에 배출권 거래제도와의 연계를 통한 감축실적의 탄소시장 거래 또는 기업에 직접 판매 등 기업과의 상생 모델 발굴을 지속적으로 추진 중이다.

사업 등록은 농업인이 사업 신청 및 사업계획서를 작성해서 제출하면 한국농업기술진흥원에서 사업 타당성을 평가하고 심의위원회의 사업 등록 심의를 거쳐 사업 등록이 완료된다. 이후 인증 절차가 따르는데 농업인이 모니터링 보고서를 작성하고 검증기관에서 온실가스 감축량을 검증하면 심의위원회의 사업 인증 심의를 거쳐 감축량 인증이 완료되면 인센티브가 지급되는 흐름이다.

농업·농촌 자발적 감축사업 추진 절차

출처: 스마트그린푸드(www.smartgreenfood.org)

농업·농촌 자발적 감축사업은 농업인에게 저탄소 농업기술로 인해 유류, 전기 등의 에너지를 아끼면 난방, 냉방비 등이 줄어 영농비 절약이 가능해지고 온실가스도 줄일 수 있다. 온실가스를 감축하면 정부에서 인센티브를 주기 때문에 추가 수익을 창출할 수도 있다.

4
농업 부문 온실가스 배출권 거래제 외부사업

온실가스 배출권 거래제는 기업들이 정부로부터 온실가스 배출 허용량을 부여받고 생산 활동과 온실가스 감축 활동을 하는 과정에서 허용량이 남거나 부족할 경우 허용량 내에서 사업장 간 사고 팔 수 있도록 만든 제도이다.

온실가스 배출권 거래제에서 온실가스를 감축할수 있는 방법은 할당 대상업체 내부에서의 ① 직접 감축, ② 배출권 구매, ③ 상쇄의 세 가지 방법으로 감축 활동을 수행할 수 있는데 온실가스 감축기술 도입의 경제성 또는 선진 기술 도입으로 인해 직접 감축이 어려운 곳에서는 다른 사업장의 배출권을 구매하거나 외부사업(상쇄제도)을 이용하여 감축을 수행해야 한다.

외부사업 시행으로 발생한 상쇄 배출권의 인증실적은 KOCs Korean Offset Credits로 명명하고 1KOC는 1t 상당의 이산화탄소

($tCO_2eq.$)를 의미한다. 온실가스 배출권 거래제는 기업들이 정부로부터 온실가스 배출 허용량을 부여받고 그 범위 내에서 생산 활동과 온실가스 감축활동을 한다. 허용량이 남거나 부족하면 허용량 내에서 사업장 간 거래를 허용하여 목표를 달성할 수 있도록 만드는 제도이다.

배출권 거래제 외부사업은 2015년부터 환경부 주관으로 시행되고 있으며 농식품 부문은 2017년부터 본격적으로 제도에 참여해 “농업 부문 배출권 거래제 외부사업”이 제도화되어 있다.

배출권 거래제 외부사업 운영은 부처별 책임제로 운영되고 있으며 농식품부는 농업 부문의 외부사업 관장기관으로서 외부사업 승인에 대한 타당성 평가, 감축량 인증, 방법론 승인 등 외부사업 운영을 위한 전반적인 업무를 담당하며 이를 한국농업기술진흥원에 위탁하여 운영 중이다

농업 부문 외부사업에 적용할 수 있는 기술의 종류와 방법론은 ① 에너지 이용효율화 사업, ② 신재생에너지 사업, ③ 질소질 비료 절감 사업, ④ 농축산부산물 등 바이오매스 활용 사업, ⑤ 기타 감축사업으로 구분된다.

위의 방법론을 통한 탄소 배출권 농업 부문 외부사업화 과정은 먼저 승인부터 받아야 한다. 사업 등록은 농업인이 사업 신청과 사업계획서를 작성해 제출하면 한국농업기술진흥원에서 사업 타당성을 평가하고 심의위원회의 사업 등록 심의를 거쳐 사

등록된 농업 부문 시장거래형 감축사업(배출권 거래제 외부사업) 방법론

분류 기준	구분	시장거래형 감축사업(배출권 거래제 외부사업)
에너지 이용효율화 사업	1	농촌지역에서 미활용 열에너지를 이용한 화석연료 사용량 절감사업의 방법론
	2	순환식 수막 재배를 이용한 화석연료 사용량 절감 방법론
	3	농촌지역의 LED 조명기기 설치 사업 방법론
	4	고효율 보온자재를 이용한 원예시설의 난방용 에너지 사용량
	5	농촌지역에서 히트펌프를 이용한 화석연료 사용량 절감 방법론
신재생에너지 사업	6	농촌지역에서 지열 에너지를 이용한 화석연료 사용량 절감 사업의 방법론
	7	농촌지역에서 태양열 이용 열생산 방법론
	8	농촌지역에서 재생 에너지 이용 전력생산 및 자가 사용 방법론
질소질 비료 절감 사업	9	완효성 비료를 이용한 질소질 비료 사용 저감 방법론
	10	부산물 비료를 이용한 질소질 비료 사용 저감 방법론
농축산부산물 등 바이오매스 활용사업	11	농촌지역에서 목재 펠릿을 활용한 연료 전화 사업의 방법론
	12	농촌지역에서 바이오가스 플랜트를 활용한 에너지 생산 및 이용 사업의 방법론
	13	왕겨를 이용한 미곡종합처리장(RPC) 곡물 건조기 연료 전환 사업의 방법론
	14	커피박 펠릿을 활용한 연료 전화 사업의 방법론
기타 감축사업	15	논벼 재배 시 물관리를 통한 온실가스 감축 방법론

출처: 스마트그린푸드(www.smartgreenfood.org)

업 등록이 완료된다.

사업 등록이 끝나면 실질적으로 탄소 감축량을 확보해야 하고 이는 인증절차를 거쳐야 상품이 된다. 인증이 마무리된 감축 실적은 상품으로 장내외에서 사고팔 수 있게 된다.

인증 절차는 1단계로 외부사업자(농민 농업사업자)가 모니터링 보고서, 검증보고서, 인증신청서를 구비한 후 농림축산식품부에 인증신청을 한다. 2단계는 농림축산식품부(한국농업기술진흥원)는 30일 이내에 인증신청서를 검토하고, 3단계에서는 30일 이내로 환경부와 협의하며, 4단계로는 환경부 등록심의위원회를 개최한다. 5단계는 농림축산식품부(한국농업기술진흥원)에서 인증결과를 통보하고 통과한 외부사업자에게는 인증서를 교부한다.

인증서를 받으면 한국거래소◆에서 가격 확인과 거래가 가능하며 할당 대상업체에도 판매할 수 있게 된다. 탄소 감축농업 기술을 적용하고 위의 과정을 거쳐 감축한 탄소를 인증받게 되면 탄소 배출권 거래를 통해 새로운 소득을 얻게 된다. 게다가 생산 품목에는 탄소 감축 농산물이라는 브랜드화가 가능하고 이것을 유통과 마케팅에 활용해 경쟁력을 높일 수 있다. 결국 탄소 감축 농업을 적용하고, 탄소 배출권 거래제를 잘 활용하면 새로운 소득을 창출하는 기회를 얻게 된다.

◆ www.krx.co.kr

5
농업 탄소 배출권 거래 기업의 탄생

농업은 하우스 가온 및 농업 기계 운전 등에 의한 CO_2 배출, 시비한 비료 변화로 메탄가스가 발생하므로 온실가스 발생원으로 자주 언급되고 있다. 그런데 시비 방법의 개선 등에 의해 온실가스 배출 억제는 물론 배출분에 웃도는 양의 탄소를 농지에 저장하는 방법으로 온실가스를 경감하거나 상쇄시킬 수 있다.

농업 분야의 온실가스 경감 효과를 주목하고, 이를 금전적으로 평가하며, 보상하는 탄소 배출권 관련 기업이 탄생하고 있다. 주요 기업은 주로 유럽과 미국에 있다.

영국과 미국에 본사를 둔 소프트웨어 기업 CIBO는 2020년 10월 농가가 CO_2 배출 감축량을 거래할 수 있는 형태의 탄소 배출권을 판매할 수 있는 온라인 플랫폼 CIBO Impact를 출시했다. 탄소상쇄에 종사하고 있는 조직과 개인이 농가로부터 탄소 배출권을 직접 구입할 수 있도록 거래 시장을 제공하고 농가는 자신의 토지를 동일한 서비스에 등록한다. 그러면 CIBO는 해당 토지의 CO_2 배출량 절감 및 탄소 흡수 성과를 수치화하여 원활하게 거래가 이루어질 수 있도록 하고 있다.

미국 기업 Truterra와 Nori는 2020년 10월에 설립한 기업으로 농가가 감축한 탄소를 탄소 배출권 수익으로 환원할 수 있는 서비스를 제공하고 있다.

독일 기업 Bayer는 브라질 기업 Embrapa와 협력하여 2020년부터 2021년까지 기후 친화적인 농업 관행을 실시하는 브라질과 미국의 농민 약 1,200명에게 탄소 감축에 해당하는 보상을 제공한다고 발표했다.

캐나다 기업 Farmers Edge와 Radicle도 생산자가 감축한 온실가스를 정량화해서 판매 수익 창출까지의 흐름을 쉽게 만들 수 있는 도구를 제공하고 있다. 이외에 관련 기업으로 미국의 Indigo, 영국과 프랑스를 거점으로 하는 Soil Capital 등이 있다.

한편 덴마크의 Agreena는 환경 재생형 농업으로 전환한 농가가 만들어 내는 탄소 배출권에 증명서를 발급하고 있다. 이 회사는 2021년 여름에 설립해 그 역사는 짧으나 Giant Ventures와 덴마크 정부 Danish Green Future Fund와 연대하고 있으며 470만 달러의 씨앗 자금 조달과 함께 유럽의 많은 농가도 참여하고 있다.

Agreena 플랫폼은 농가에 CO_2e-certificate를 발행하고 농가가 구매 희망자에게 판매함으로써 농가가 기존의 경작지에서 재생 농법으로 전환하기 위한 경제적 인센티브를 제공한다. 그러한 구조에서는 농부가 자신의 농장을 등록하고 재생 농법으로 전환하기 위한 조언을 받는다. 그리고 그 변화를 Agreena가 위성 이미지와 토양 검증에 의해 감시한다. 농부는 CO_2e-certificate를 단독 또는 Agreena 마켓플레이스를 통해 탄소상쇄를 구입하고자 하는 기업에 판매할 수 있다.

Agreena는 2021년 5만 ha 이상의 계약을 체결하고 발행한 탄소상쇄 증서의 20% 이상을 사전에 판매했다. 현재 Agreena의 본사는 덴마크에 있으나 유럽 전역에까지 그 규모를 확대하고 있으며 향후 글로벌하게 전개해 나갈 것으로 알려져 있다.

탄소 배출권을 비즈니스 모델로 만드는 기업이 생겨남에 따라 농업은 전통적인 작물의 생산과 판매에 의한 수익 외에 새로운 수익을 창출하는 기회가 많아졌다. 동시에 먹을거리 생산, 온실가스 상쇄 등 더욱더 인류에 기여하는 친환경 산업으로 주목받고 있다.

6
J-크레딧 제도와 증가하는 일본의 탄소 농법

2021년 9월 기준으로 137개국이 2050년까지 탄소중립 실현을 선언함에 따라 이산화탄소, 메탄 등 온실가스 감축에 나서지 않으면 해당 국가나 기업에 비용을 전가하는 일이 현실화되고 있다.

지구온난화 대책으로 온실가스 감축은 피할 수 없게 됨에 따라 탄소 배출권CER: Certificated Emissions Reduction의 위상과 활용도가 높아지고 있다. 유엔 기후변화협약에서 발급하는 탄소 배출권은 지구온난화 유발과 이를 가중하는 온실가스를 배출할 수 있는 권리이다.

온실가스 배출권을 할당받은 기업들은 의무적으로 할당 범위 내에서 온실가스를 사용해야 하며 배출량이 많은 기업은 에너지 절감 등 기술개발로 배출량 자체를 줄이거나 배출량이 적은 기업으로부터 여유분의 권리를 사서 해결해야만 한다.

탄소 배출권이 남거나 부족하다면 시장에서 상품처럼 거래할 수 있도록 만들어 미국과 유럽에서는 탄소 농법으로 토양에 탄소를 저장한 만큼 탄소 배출권을 인정받아 이를 시장에 팔 수도 있도록 도움을 주는 중개 회사들이 생겨나고 있다.

일본에서는 2013년 에너지 절약 설비의 구축이나 산림 관리 등에 의한 온실효과 가스의 배출 삭감·흡수량을 '크레딧'으로서 국가가 인증하는 'J-크레딧 제도'가 출범되어 경제산업성·환경성·농림수산성에 의해 운영되고 있다.

J-크레딧 제도는 온실가스 배출 삭감량을 크레딧이라는 형태로 매매할 수 있는 구조이다. 크레딧은 정해진 가격이 없고 프로젝트 실시자와 구매 희망자와의 사이의 상대적인 거래가 이루어지는데 2021년 11월 28일 기준 인증량 712만 tCO_2, 등록 프

일본 J-크레딧 제도 인증

로젝트 수는 872건◆이다.

J-크레딧에서 농업 분야는 ▲ 돼지·브로일러에의 아미노산 밸런스 개선 사료의 먹이, ▲ 가축 배설물 관리 방법의 변경 질소를 포함한 복합 비료의 시비, ▲ 바이오숯의 농지 시용 등이 있다.

인증은 온실가스 배출 삭감, 흡수량 증가로 이어지는 프로젝트를 농업자·단체의 창출자가 실시하게 되는데 여러 조건을 충족시킨 뒤 등록하여 심사에서 통과해야 한다. 인증 프로젝트는 기업 등 구매자들 사이에서 매매 가격과 양을 결정, 양도하게 된다.

J-크레딧을 인증받은 창출자는 ① 운용비용 절감, ② 크레딧 매각 이익, ③ 지구온난화 대책의 대처에 대한 PR 효과, ④ 새로운 네트워크 구축, ⑤ 조직 내 의식 개혁, 사내교육 등의 효과가 있다. J-크레딧 구매자는 ① 환경 공헌 기업으로서의 PR 효과, ② 기업평가 향상, ③ 제품·서비스 차별화, ④ 비즈니스 기회 획득·네트워크 구축 등의 효과가 있다.

일본에서 'J-크레딧 제도'는 온실가스를 거래할 수 있게 만듦으로써 농업에서도 새로운 비즈니스와 마케팅을 할 수 있는 환경을 제공하고 있으며 이를 이용하는 지자체, 농업단체, 농가가 늘어나면서 탄소중립 농업을 촉진하고 있다.

◆ 출처: www.japancredit.go.jp

7
일본 야마나시현의 탄소격리 농산물 인증제

농업에서도 탄소 배출권의 거래, 저탄소 농산물의 브랜딩 등 온실가스 감축을 위한 방안이 모색되고 있는 가운데, 일본 야마나시현에서는 탈 탄소 농산물 인증제인 '야마나시 4퍼밀 이니셔티브 농산물 인증제도'를 만들어 시행하고 있다.

'4퍼밀 이니셔티브'란 세계 토양 표층의 탄소량을 연간 4퍼밀(0.4%) 증가시키면 인간의 경제활동 등으로 발생하는 대기 중의 이산화탄소 증가를 제로0로 만들 수 있다는 것에 근거한 대처법이다. 프랑스 정부 주도로 2015년에 제창되었으며 2020년 12월 기준 566개 기관과 국가가 참여하고 있다.

야마나시현은 일본 지자체 중 처음으로 '야마나시 4퍼밀 이니셔티브 농산물 인증제도'를 통해 저탄소 농업에 앞장서고 있다. 야마나시현의 저탄소 농업의 핵심은 바이오숯의 이용이다.

야마나시현은 일본에서 복숭아와 포도 등의 생산 1위인 현縣으로 겨울철에 많은 가지를 전정한다. 이 전정지를 분쇄하여 퇴비를 만들어 이용하면 이산화탄소를 어느 정도 토양에 저장하는 것이 가능하나 분해되는 과정에서 탄소와 함께 메탄이 발생하게 된다.

그런데 전정가지를 숯으로 만들어 토양에 넣으면 숯은 거의 분해되지 않아 탄소를 토양에 격리해 둘 수 있으므로 이산화탄소가 대기로 방출되는 것을 막을 수 있다. 또한 야마나시현에서는 바이오숯을 토양에 넣어 탄소를 격리해 두는 것은 지구온난화의 억제뿐만 아니라 농지의 질을 높여 지속적인 식량 생산에 도움이 될 것으로 기대하고 있다.

야마나시현에서는 전정 시 발생하는 전정가지를 탄화시켜 토양에 넣어 생산한 농산물에는 '야마나시 4퍼밀 이니셔티브 농산

일본 야마나시 4퍼밀 이니셔티브 농산물 인증 표시 로고

물 등 인증 제도'의 로고를 부여해 친환경 농산물로 브랜드화하여 부가가치 향상과 온실가스 감축을 지원하고 있다.

야마나시현의 '야마나시 4퍼밀 이니셔티브 농산물 등 인증'은 크게 성과 실적과 계획을 인증하는 두 가지가 있다. 성과 실적은 1ha당 1t 이상의 탄소(이산화탄소 환산으로 3.67t 이상)를 토양에 저장하는 것이 조건이다. 계획인증은 현이 지정한 대처 방법 등을 토대로 토양에 탄소를 저류할 계획을 제출하고 실적을 보고할 필요가 있다. 야마나시현 농업기술과에 의하면 두 가지 인증 기준은 학술적인 뒷받침과 학식 경험자들의 의견을 청취하여 과학적 근거하에 정했다고 한다.

야마나시현에서는 지구온난화 억제의 공헌, 지속 가능한 농업의 리드, 부가가치 창출 측면에서 '야마나시 4퍼밀 이니셔티브 농산물 등 인증'을 적극적으로 추진함으로써 고부가가치화와 브랜드화 그리고 온실가스 감축에 기여하고 있다.

바이오숯에 의한 탄소격리와 활용

1
아마존 분지의 잊혀진 토양 개량제, 바이오숯

농업에서 온실가스 감축을 위한 방안의 하나로 아마존 분지의 잊혀진 문화 기술인 바이오숯Biochar이 주목받고 있다. 바이오숯은 350°~1,000℃의 온도로 공기가 없는 상태에서 생산한 숯이다. 열분해된 생물연료Biomass를 토양 첨가제로 사용한다는 아이디어는 아마존 지역의 테라 프리타의 발견에서 시작되었다.

테라 프리타Terra Preta는 포르투갈어로 검은 흙이라는 뜻이다. 남아메리카의 열대 지역에서는 옥시솔Oxisols: 열대 지방의 붉은 흙 토양이 대부분이다. 옥시졸 토양은 풍화와 산성으로 인해 작물이 자라기 어려운데 아마존 원주민 마을의 테라 프리타는 매우 비옥한 토양이다.

테라 프리타는 토착 마을 가장자리에 위치한 수 세기에 걸친 폐기물 퇴적장(음식, 주택 건물 잔류물, 배설물, 도자기 파편, 숯)의 흙이다. 이 흑토가 의식적으로 또는 무의식적으로 만들어진 것인지, 어떤 노력에 의해 만들어졌는지는 아직 불분명하다.

테라 프리타는 유기 생활 폐기물의 호기성, 혐기성 생화학적 전환과 목탄의 첨가를 통해 안정된 다방향족 탄소의 비율이 높아진 토양이라는 특성이 있다. 불완전 연소로 인해 탄소가 풍부한 물질은 미생물 분해에 비교적 화학적으로 내성이 있다. 이 토양의 비옥도가 높은 이유는 숯 비율이 높은 것 외에 토양에서 퇴비화된 영양분이 풍부한 물질 때문이다.

테라 프리타에 대해서 연구자들은 현재 무의식적으로 생성된 후 의도적으로 생성되었고 그로 인해 낮은 산도, 함수량이 높으면서 비옥도가 높은 토양이 되어 작물의 수확량을 늘린 덕분에 아마존 저지대의 인구가 600만에서 1000만 명으로 증가할 수 있었다고 추론하고 있다.

테라 프리타에 대한 연구를 기반으로 시작된 바이오숯은 오늘날 농업용 토양에서 일석이조의 희망을 전해주고 있다. 바이오숯은 가축 배설물과 같은 다른 유기 잔기와 결합되어 영양분과 물을 저장하는 토양의 능력 향상, 주로 영양소의 운반체이자 박테리아 및 곰팡이와 같은 토양 미생물의 미세 서식지, 산성 토양의 개량 등의 효과가 있는 것으로 알려져 있다.

바이오숯은 다공성으로 인해 토양 박테리아와 근균이 증가해 물과 미네랄 흡수가 개선되고 식물 해충으로부터의 저항력이 커지는 효과를 기대할 수 있다. 유기 오염 물질과 중금속과 같은 독성 토양 물질을 흡착하여 식품 품질 및 지하수를 보호하는 역할도 기대된다. 토양 개선 측면에서 바이오숯은 토양 활동, 토양 건강 및 수확량 증가 등에 대한 기대효과가 크나 아마존 저지대의 옥시솔토처럼 토양 자체에 문제가 있는 곳에서만 효과가 있는지, 정상적인 비옥한 토양에서도 더 큰 효과가 있는지에 관한 연구는 아직 불충분한 상태이다.

바이오숯은 농업용 토양에서 발생하는 온실가스의 격리 측면에서도 기대효과가 크다. 자연에서 식물 조류와 일부 유형의 박테리아 등은 대기에서 이산화탄소를 흡수하고 이를 사용하여 생육하면서 긴 사슬 탄소 분자를 만든다. 식물이 죽으면 미생물과 다른 동물에 의해 분해되거나 부패되면서 식물체 등에 저장된 탄소 대부분은 이산화탄소나 메탄으로 변해 대기 중으로 배출되는데 이를 숯으로 만들면 탄소의 80% 이상이 수백 년 동안 안정적인 상태로 유지되므로 온실가스를 격리시키는 효과가 있다.

아마존 분지에서 8,000년 이상 된 테라 프리타에서 연구를 시작한 바이오숯은 재료의 한계성, 숯의 제조 과정에서 발생할 수 있는 환경오염 가능성, 토양에 미치는 장기적인 영향의 불확실성, 경제성 등의 연구가 충분하지는 않지만 토양 개량제와 농업에서의 온실가스 격리 수단이라는 희망이 되고 있다.

2
탄소중립을 위한 세 가지 옵션과 바이오숯

온실가스 문제가 심각해짐에 따라 2021년 9월 기준 137개국이 2050년까지 탄소중립 실현을 선언했다. 2050년까지 탄소중립을 실현하는 데는 세 가지 옵션이 있다. 첫 번째는 현재 배출하고 있는 연간 약 50Gt의 온실가스를 제로0로 만드는 것이다. 두 번째는 배출을 계속한 채 배출된 만큼 흡수하여 상쇄하는 것이다. 세 번째는 배출을 가능한 줄이고 줄일 수 없는 분량은 흡수하는 것이다.

이 세 가지 옵션 중 세 번째가 가장 현실적인 방향성이라 할 수 있다. 감축할 수 없는 온실가스의 배출분을 어떻게든 흡수하는 것을 이산화탄소 탄소 제거 기술CDR, 탄소 역배출 기술NET이라고 한다.

온실가스 배출 중 줄일 수 없는 분량을 흡수하는 방법에는 대략 다섯 가지 방법이 있다. 첫째는 나무를 심고 관리하는 것이다. 산림을 늘리면 이산화탄소 흡수가 늘어나고 벌채하거나 산림에 화재가 발생하면 이산화탄소가 배출된다.

나무를 심고 관리하는 것은 탄소 감축의 한 방법이다.

두 번째는 블루 카본이다. 해양 식물이나 해양에서 서식하는 식물 플랑크톤 등이 흡수하는 이산화탄소를 블루 카본이라 하는데 이를 늘리는 것이다.

세 번째는 직접 공기 회수DAC이다. DAC는 인공적으로 대기 중의 이산화탄소를 흡수하는 기술로 일반적으로는 대형 환기팬과 같은 것으로 대기를 흡인하고 대기 중에 포함된 이산화탄소만을 화학 반응으로 흡착하여 제거해 버리는 방법이다. 이 방법은 비용이 너무 고가인 단점이 있다.

네 번째는 바이오매스와 바이오테크놀로지(생물공학)를 활용한 경제활동인 바이오 이코노미다. 바이오매스를 연료로 한 전기 생산, 식물 유래의 유지를 사용한 바이오 섬유와 바이오 플라스틱의 제조와 활용 등이다.

다섯 번째는 바이오숯이다. 목재, 해초, 쓰레기, 종이, 동물의 사체와 분뇨, 플랑크톤 등의 바이오매스(생물자원)를 무산소 또는 저산소의 환경하에서 가열, 분해하여 얻는 것이 바이오숯이다. 바이오숯을 연소하면 이산화탄소가 나오지만 이를 농지에 뿌리면 토양에 탄소를 축적하는 효과가 있다.

바이오숯은 농산 폐기물의 소각에 의해 배출되는 이산화탄소를 억제하므로 그 삭감량이나 흡수량을 정량화할 수 있어 탄소배출 비즈니스가 가능하다. 또한 열분해를 통해 안정한 형태인 방향족 구조로 재배열되므로 토양 미생물 또는 환경적 요인에 의해 쉽게 분해되지 않으며 토양의 중화작용, 유용 미생물의 증식을 촉진하는 효과, 수질의 정화, 무기물의 보급 등 다양한 기능이 있어 토양 자재로 매우 유용하다.

해외에서 바이오숯의 연구와 이용은 활발하며 미국에서는 탄소 감축을 위한 다양한 형태로 이용되고 있다. 호주와 뉴질랜드에서는 바이오숯을 이용해 육우와 양 방목 과정에서 배출되는 메탄가스 억제와 질소비료의 과잉 시용에 의한 아산화질소를 포함한 다른 온실가스까지의 감축에 이용하고 있다. 따라서 농업 부문의 온실가스 감축과 토양 개량이라는 일석이조의 효과를 갖는 것이 바이오숯이다.

3
바이오숯, 농업 배출 온실가스 배출을 막다

바이오숯은 유기 물질의 열화학적 분해에 의해 생성되고 산소 함량이 크게 감소된 물질이다. 바이오숯의 종류에는 전통적인 숯의 생산 방식에 의한 숯, 기술 열분해 숯, 약 20bar의 압력과 180℃ 온도에서 물을 첨가하는 열수 탄화 숯, 증기를 활용해 제조한 증기열 숯이 있다.

바이오숯의 중요한 특성은 다공성으로 부피에 비해 큰 표면적이다. 바이오숯 1g의 펼친 표면적은 100~300m^2이다. 높은 다공성으로 인해 물과 그 안에 용해된 영양소를 자체 무게의 5배까지 흡수할 수 있다.

바이오숯의 또 다른 특성은 높은 양이온 교환 용량으로 무기물과 유기 영양소가 씻겨 나가는 것을 방지하고 영양소의 가용성을 높인다. 바이오숯의 이러한 특성으로 인해 토양 활동, 토양

바이오숯은 탄소격리와 함께 영양소의 가용성을 높이는 효과가 있다.

건강과 작물의 수확량에 긍정적인 영향을 미친다.

바이오숯은 온실가스를 격리시키는 효과도 있다. 식물을 퇴비로 만들어 활용하면 생물자원의 낭비를 줄이는 유효한 수단이 되나 그 과정에서 유기물의 분해와 함께 이산화탄소, 메탄, 아산화질소 같은 온실가스가 발생된다. 그런데 바이오숯으로 만들면 연소나 부패에 의해 이산화탄소와 메탄으로 바뀌지 않아 수백 년 동안 안정적인 상태로 온실가스를 격리시키는 효과가 있으며 바이오숯의 토양 투입은 농업용 토양을 탄소 흡수원으로 바꿀 수 있다.

현재 식물이 광합성을 통해 축적된 에너지의 3분의 2(주로 이산화탄소 환원을 통해 생성한 탄소)는 바이오숯에 저장되는 것으로 알려져 있다. 유기물의 퇴비화 과정에서 바이오숯을 혼합하면 암모니아나 요소 같은 질소 화합물을 흡착하여 암모니아의 휘발을 줄이고 토양의 미생물이나 식물이 이용할 수 있는 질소 화합물의 감소를 방지하는 효과가 있다.

바이오숯은 이처럼 다양한 효과가 있으나 재료, 제조 방법과 시용방법이 온실가스의 발생·흡수량에 어떻게 영향을 미치는지에 대한 결론을 내기에는 아직 이르다. 바이오숯의 이산화탄소와 메탄 등의 온실가스 발생 감축 기술 효과에 대해서도 알려지지 않은 부정적인 효과가 있을 수 있고 생물자원이 원료로 사용되고 경제성 등 해결해야 할 과제가 많다.

바이오숯은 화학적으로 처리한 목재와 오염된 재료 그리고 생산 조건에 따라 다환 방향족 탄화수소PAH뿐만 아니라 폴리염화비페닐PCB과 다이옥신과 푸란PCDD/F이 생산 도중 발생할 수 있는 우려도 있다.

그럼에도 불구하고 바이오숯은 농업에서 토양 품질과 온실가스 감소 모두에 이점이 있는 유망한 옵션이다. 2018년 10월 기후변화에 관한 정부간 협의체IPCC: Intergovernmental Panel on Climate Change에서 채택된 〈1.5℃ 지구온난화〉 특별 보고서에서도 바이오숯이 유망한 탄소 역배출 기술NET: Negative Emission Technologies로 소개되었다.

일본에서는 2020년 9월 바이오숯이 탄소 저류*의 유효한 방법으로서 일본 정부의 J-신용거래 제도에 포함되었다. J-신용거래 제도는 에너지 절약 설비의 인도나 삼림 관리 등에 의한 온실효과 가스의 배출삭감 및 흡수량을 '신용거래'로서 국가가 인증하는 제도이다.

바이오숯은 전술한 것과 같이 농업 부문에서 발생하는 온실가스의 격리 물질로 부각되고 있다. 동시에 토양 개량 물질로 주목받으면서 바이오숯의 생산이나 사용에 의한 저탄소 농산물 브랜딩 등 새로운 비즈니스 기회를 맞고 있다.

---

* 토양을 메우는 것

4
바이오숯을 이용한 탄소 감축 크레딧 회사

온실가스에 의한 지구온난화가 문제로 떠오름에 따라 탄소시장은 2020년부터 2028년까지 연간 11.22%로 성장이 기대되는 것으로 알려져 있다. 탄소시장의 전망이 긍정적임에 따라 이산화탄소를 포집하거나 감축시켜 판매하는 회사들이 늘어나고 있다.

이산화탄소 포집 관련 회사 유형에는 공기 중에서 이산화탄소를 직접 포집하는 회사인 Climeworks, Carbon Engineering, 이산화탄소를 물에 포집하고 이것을 지하 현무암에 주입해 포집과 저장하는 회사인 CarbFix, 대기에서 이산화탄소를 흡수한 식물을 안정적이고 이산화탄소가 풍부한 액체로 변환시켜 지하 깊숙이 저장하는 회사인 Charm Industrial 등 몇 곳이 있다.

농업과 직접적인 관련이 있는 이산화탄소 감축 회사는 바이오숯을 제조하는 업체들이다. 모든 살아있는 유기체는 어떤 형태로든 탄소를 함유하고 있다. 현재 폐기물에서 자주 발생하는 것처럼 이 유기물은 부패 혹은 분해되거나 연소될 때 이산화탄소와 기타 온실가스를 대기 중으로 방출한다.

분해 과정에서 온실가스가 발생하는 유기체를 바이오숯으로 전환하면 유기체에 함유된 탄소를 천 년 이상 안정적이고 단단한 형태로 고정시킨다. 바이오숯은 영양소와의 결합이 탁월해 수질 오염 방지에도 도움이 된다. 바이오숯은 토양에서 바다의 산호초같이 작용하여 표면의 토양 생명을 촉진하고 식물과 미생물이 토양의 영양분을 더 잘 사용할 수 있도록 만들면서 탄소를 토양에 저장한다. 미국 워싱턴 대학의 2015년 연구에 따르면 토양에 바이오숯을 사용하면 토양 탄소 수준이 32~33% 증가하는 것으로 나타났다.

바이오숯 업체들은 탄소 감축 크레딧과 바이오숯이라는 상품을 판매하고 있는데 그 대표적인 업체로는 카보펙스CarboFex와 카보컬쳐Carbo Culture가 있다. 카보펙스는 핀란드 히에단란따Hiedanranta에 위치하며 2017년부터 가동하고 있다. 시간당 최대 500kg의 우드칩을 탄화하여 140kg의 바이오숯을 만든다. 옵션으로 오일 분리기를 사용하면 100L의 고품질 열분해 오일을 생산할 수 있다. 시설은 연간 700t의 바이오숯과 600t의 오일을 생산할 수 있다. 상품은 수요가 많아 1년 전 예약과 동시에 매진되며 제품의 80%를 해외로 수출한다.

카보펙스에서는 1,000℃의 열분해 온도로 바이오숯을 만들며 제조 과정에서 발생하는 열원을 지역난방과 연계하고 있다. 생산된 바이오숯은 95%의 높은 탄소 함량을 가지며 EU로부터 토양 개선과 여과 응용 분야 외에 동물 사료 첨가제와 축사, 돼지 사육장, 닭장 바닥 건조제 첨가제와 냄새 관리를 위해 가스 제거용으로 승인을 받았다.

카보컬쳐는 탄소격리를 목표로 2016년 핀란드에서 설립되었으며 미국 샌프란시스코에 본사를 두고 있다. 카보컬쳐에서는 열분해(탄화처리)에 의해 바이오매스◆의 절대탄소 50% 이상을 유지할 수 있다. 고온 탄소의 경우 투입되는 바이오매스에 따라 25~33%의 높은 수익율을 얻을 수 있다.

탄소 1t을 산화(연소)하면 3.66t의 이산화탄소가 생성되는데 카보컬쳐에서는 탄소수율을 85%로 유지하므로 0.85×3.66, 즉 3.11t의 이산화탄소를 얻을 수 있다. 그러므로 카보컬쳐에서 생산한 바이오숯 1t에는 안정적이고 단단한 형태의 3.11t의 이산화탄소가 포함되어 있는 셈이다.

카보컬쳐에 의하면 제반 기반 기술은 하와이 대학에서 라이선스를 받았고 스위스 탄소금융 컨설팅업체 사우스폴South Pole이

◆ 화학적 에너지로 사용 가능한 식물, 동물, 미생물 등의 생물체

독립적으로 검증했다고 밝혔다. 카보컬처의 수익원은 크게 바이오숯의 판매와 탄소 크레딧인데 탄소 제거 크레딧은 사우스폴에서 대량으로 사전 구매했다.

온실가스의 감축이 시대적 화두가 되고 있는 것과 함께 농축산업에서도 온실가스의 배출 감량을 요구받고 있는 상황에서 바이오숯을 이용한 탄소 감축 크레딧 회사들은 온실가스 배출을 감축함과 동시에 농축산 산업에 유익하게 활용할 수 있는 방안 모색에 도움이 될 것으로 여겨진다.

5
바이오숯과 탄소중립 담양 딸기

바이오숯은 바이오매스Biomass를 350℃ 이상의 온도에서 열분해해 유기체를 숯으로 전환한 것이다. 탄소를 함유하고 있는 유기체는 분해 과정에서 탄소가 배출되는데 바이오숯으로 만들면 유기체에 함유된 탄소가 수백 년 이상 안정적인 형태로 고정되므로 온실가스 격리 수단으로써의 활용이 증가하고 있다.

바이오숯이 탄소격리 옵션으로 주목받고 있음에 따라 일본에서 복숭아와 포도 생산 1위 지역인 야마나시현은 겨울철에 전정한 가지를 모아 바이오숯으로 만든 다음 토양에 시용하고 있다. 그 토양에서 재배한 농산물에 대해서는 '야마나시 4퍼밀 이니셔티브 농산물 인증제' 로고를 부여해 친환경 농산물 및 온실가스 감축 농산물로 브랜드화해 마케팅에 활용하고 있다.

바이오숯은 토양에 소량을 첨가해도 농업과 원예 작물에 유익한 효과가 있다. 토양에 바이오 숯을 첨가하면 작물의 생육 촉진과 과실 생산에 도움이 되며 낮은 농도의 바이오숯은 공기와 토양 매개의 작물 병해 억제에 효과적이라는 연구 결과도 있다.

바이오숯의 이러한 장점은 전남의 특정 지역 농산물, 즉 특정 품목에 적용하여 재배한 후 '탄소 감축 농법에 의해 재배한 저탄소 농산물'이라는 브랜딩에 활용하기 좋은 요건을 갖추고 있다. 그런 점에서 전남 주요 농특산물과 바이오숯을 연계해 보면 나주 배나무 전정가지, 광양 매실나무 전정가지를 이용한 바이오숯 제조와 이용, 담양 딸기 등을 우선적으로 생각해 볼 수 있다.

담양 딸기는 브랜드 가치가 높고 특산물인 대나무 부산물로 바이오숯을 만들기 쉽다. 딸기 시설재배가 많아 바이오숯을 배

담양 딸기는 바이오숯을 활용한 탄소중립 딸기 마케팅에 유리한 여건을 갖추고 있다.

지에 혼입 등 적용하기 용이해 '탄소중립 담양 딸기 또는 탄소격리 담양 딸기'라는 브랜드를 만들기가 쉽다. '탄소중립 담양 딸기'를 홍보하면 홍보 과정에서 오염되지 않은 담양의 자연경관과 연계시켜 청정한 담양, 친환경 생태도시라는 이미지 강화에 활용하기 좋다.

딸기의 재배 측면에서 바이오숯은 토양이나 배지에 첨가하면 긍정적인 효과가 많다는 연구 결과가 다수 나와있다. Caroline De Tender 등의 2016년 연구에 의하면 바이오숯을 첨가한 배지에 딸기를 재배한 결과 측근의 발달, 생장 촉진, 딸기 과실의 수와 무게 증가, 잿빛곰팡이병Botrytis Cinerea에 대한 저항성이 크게 증가한 것으로 나타났다. 일부 연구에서는 바이오숯을 첨가한 토양에서 생산한 딸기는 미네랄 성분이 많았다는 내용도 있다.

딸기 재배 시 바이오숯을 이용하면 앞서 말한 것과 같이 유익한 것들이 많은 만큼 담양군 차원에서 관심을 갖고 탄소중립 딸기를 브랜드화할 수 있다. 농가가 바이오숯을 활용한 딸기 재배를 하면 군에서는 ① 탄소격리에 따른 인센티브를 받을 수 있도록 탄소 배출권 거래 등의 환경을 조성하고, ② 바이오숯에 대한 정보 제공과 재배 기술을 지도하고, ③ 영양가가 풍부하고 온실가스 감축에 앞장서는 '탄소중립(또는 감축) 담양 딸기'를 브랜드화하는 데 적극적으로 나서 부가가치를 높일 수 있다.

바이오숯을 활용한 '탄소중립 담양 딸기' 브랜드 만들기는 생각처럼 쉽지 않으나 군 차원에서 의지를 갖고 실행한다면 어렵지 않을 것이며 긍정적인 측면에서 다른 지역의 딸기와 차별화한 이미지를 만들고 선점할 수 있다.

담양 딸기의 판매 촉진 측면에서도 바이오숯을 첨가한 토양에서 재배한 딸기는 '미네랄 함량이 많은', '지구와 인류를 생각하는' 등 다양한 이미지와 캐치프레이드를 만들 수 있고 환경친화적인 이미지가 필요한 기업 등과 연계해 딸기 농가는 물론 지역 또한 더욱더 발전할 수 있을 것이다.

6
담양군 대나무 바이오숯과 탄소격리 죽향 딸기

기후변화에 맞서는 식물로 대나무가 주목받고 있다. 대나무는 놀라울 정도로 효과적인 탄소 흡수원이자 거대한 탄소저장고라는 점에서 온실가스 감축을 위한 솔루션으로 기대를 모으고 있다.

현재 대나무는 전 세계적으로 3600만 ha 면적을 차지하고 있다. 전 세계 산림 면적의 3.2%에 해당하는 대나무는 전 세계 수억 명의 사람들이 다양한 용도로 이용해 왔으며 생계를 대나무에 의존하기도 했다. 토양침식 방지와 보호, 식용 자원, 목재, 공예품과 생활 도구 재료 등 생활과 떼어놓을 수 없을 만큼 소중했던 대나무는 문명의 발달과 함께 지금은 전통적인 용도 가치가 낮아지고 있다.

대나무 고장 담양군도 이러한 현실과 다르지 않다. 담양에서

대나무는 탄산흡수와 저장고로 주목받고 있다.

는 수백 년간 많은 사람이 대나무 세공과 판매에 생계를 의존해 왔다. 죽제품을 주업으로 했던 마을에서는 일제강점기 때까지만 해도 대나무를 쪼개는 집, 깎고 다듬는 집, 엮는 집, 빗을 만드는 집, 부채를 만드는 집 등 죽제품 생산이 분업화되어 있었고 그 일을 전업으로 했던 사람들이 많았다.

생활공예품 용도가 많았던 대나무는 값싼 수입품과 플라스틱 제품이 증가함에 따라 대나무의 생산과 가공, 부산물을 생업으로 하는 사람들이 급격하게 감소했다. 담양군의 경우도 담양 대나무밭 농업이 2014년 국가중요농업유산 제4호로 지정된 데 이어 2020년 세계중요농업유산으로 등재되었으나 지역민의 직접적인 생계에 대한 기여도는 과거의 명성에 이르지 못하고 있다.

대나무의 생활공예품 용도의 쇠퇴는 전 세계적인 상황인 가운데, 최근에는 지구온난화가 문제가 되면서 대나무가 지구온난화의 주요 원인 물질인 이산화탄소의 격리 도구로 새롭게 주목받고 있다.

대나무는 가장 빠르게 자라는 식물 중의 하나로 하루에 최대 1.2m 속도로 자란다. 단기간에 숲 조성이 가능한 대나무는 광합성을 통해 공기 중의 이산화탄소를 흡수하고 이것을 대나무와 땅에 저장하고 토양의 유기탄소를 흡수해 대나무와 뿌리에 저장한다. 수확한 대나무는 탄소 저장고로 썩어서 분해되기까지 탄소를 격리한다. 한 연구에 따르면 1ha의 대나무숲과 그 제품은 60년 동안 306t의 탄소를 저장할 수 있다고 한다.

대나무의 탄소격리 효과가 높다는 사실이 알려지며 이를 탄소농업에 활용하려는 곳들도 함께 늘어나고 있다. 대표적인 곳 중 하나가 일본 교토부 가메오카시이다. 가메오카시에서는 2008년부터 작물을 키우면서 대기 중 이산화탄소를 줄이는 '카본 마이너스 프로젝트'를 진행하고 있다.

카본 마이너스 프로젝트는 정교하고 어려운 작업은 아니지만 이 프로젝트에 참가한 농민들은 시내에서 많이 재배되는 대나무 숲에서 간벌한 대나무를 가열해 숯을 만들고, 퇴비에 섞어 농지에 뿌린다.

보통 식물은 광합성으로 이산화탄소를 흡수하지만 이산화탄소는 식물이 시들어 썩고 분해되면 다시 대기로 돌아가는데 이를 숯으로 만들면 이산화탄소를 수백 년간 탄소 형태로 고정할 수 있게 된다. 이 숯을 농지에 뿌리면 농지는 말 그대로 이산화탄소 저장고가 된다. 대나무를 벌채해 트럭으로 운반하는 과정에서 에너지를 소비하게 되지만 이를 제외한다면 대나무 숯을 통해 이산화탄소는 크게 줄어들게 되어 농지 1,000m²당 200~300kg의 이산화탄소 감축을 실현할 수 있다.

대나무 숯을 넣은 논밭에서 재배한 작물은 'Cool vegetables'을 줄인 'Cool Vege©'라는 브랜드명으로 판매해 수익을 올리고 있다. 여기에 교토 은행과 야마토 하우스 공업 등에서도 이 프로젝트를 지원하고 있어 온실가스 감축, 농촌의 환경 유지, 농가의 소득증대라는 일석삼조 효과를 거두고 있다.

담양군 역시 대나무자원이 풍부하므로 '대나무 = 저탄소'라는 이미지를 만들기에 좋다. 게다가 담양군 농업기술센터에서 육성한 우수한 딸기가 대나무에서 유래한 이름을 가진 '죽향' 딸기라는 점에서 수출 촉진에도 활용할 수 있을 것이다.

죽향 딸기는 대한민국 국가중요농업유산, 세계중요농업유산인 담양 대나무밭과 함께 담양의 차별성과 인지도를 활용할 수 있는 마케팅과 브랜드 요소이다. 여기에 대나무 바이오숯을 첨가한 토양에서 재배한 죽향 딸기는 탄소중립 시대를 맞이해 세계적인 인지도를 높이고 마케팅에 활용하면서 담양의 대나무 또한 살릴 수 있는 묘책이 될 수 있을 것이다.

7
나주 배 농업유산, 왕겨숯 탄소 농법

배 명산지인 나주는 조선시대부터 배의 특산지이며◆, 개량종 배 과수원이 국내 최초로 조성된 지역이기도 하다. 나주에 개량종 배가 도입된 시기는 1904년 일본인 마쓰후지, 이시가와, 가와노 세 사람이 개량종 배 묘목을 가지고 현해탄을 건너 나주에 심은 때부터이다.

마쓰후지는 금천면 원곡리에, 이시가와는 금천면 벽류에, 가와노는 송월동에 정착하여 배 과수원을 운영하며 퍼지기 시작한 나주 배는 근대부터 지금까지 국내 최고 배 명산지라는 명성을 유지하고 있다. 나주에 개량종 배가 도입된 지 120년 가까이 흐른 세월 동안 나주에서는 배 재배를 위한 다양한 기술개발과

◆ 《세종실록지리지》 전라도편, 1454년

기술이 적용되었으며 수많은 사연과 유산을 남겼다.

나주 배와 관련된 유산은 그 오랜 배 재배 역사만큼이나 많고 많은데 그중에서 최근 주목받고 있는 것은 왕겨숯의 활용법이다. 나주는 예로부터 김제 만경의 호남평야와 함께 전국을 먹여 살릴 수 있는 곡창지대라고 알려진 나주평야로 인해 도정搗精 부산물인 왕겨가 풍부했고 나주 배밭에서는 이것을 거름, 멀칭재, 저장재 등 다양한 목적으로 사용했다.

나주는 배 재배 역사가 오래되었으며,
재배와 저장 과정에서 탄소 농법 기술이 축적되어 있다.

왕겨의 대표적인 용도는 강추위나 서리 피해 우려가 있을 때 과수원 곳곳에 골을 내어 왕겨를 넣고 불을 붙인 뒤 열원이 오래가도록 흙으로 살짝 덮는 방식 또는 양철통, 드럼통 안에 전지한 배나무 가지와 왕겨를 넣고 태워 열을 내는 데 사용했는데 이때 탄화된 왕겨숯이 만들어졌다. 농가에서는 이렇게 만들어진 왕겨숯을 황토질인 과수원 토양 개량에 사용했다.

나주 배 농업 유산인 이 왕겨숯과 과수원 토양에 왕겨숯을 넣었던 방식의 농법은 최근 온실가스 증가에 따른 지구온난화가 문제되자 탄소 농업으로 크게 주목받고 있다. 왕겨숯처럼 탄화시킨 것은 바이오숯Biochar으로 2018년 기후변화에 관한 정부 간 협의체IPCC에서 펴낸 〈1.5℃ 지구온난화〉 특별 보고서에 유망한 탄소 역배출 기술로 소개되어 있다. 우리나라에서도 농경지의 온실가스 감축 수단으로 제시되어 있다.

나주의 배 과수원에서 만들고 이용되었던 왕겨숯과 같은 바이오숯은 세계 각지에서 온실가스 감축 측면에서 다양하게 연구되고 있으며 농업 현장에서도 탄소 감축을 위한 농법으로 적용되고 있다.

일본에서는 배의 명산지인 치바현 가시와시에서 전정한 배의 가지를 숯으로 만들어 과수원 토양에 넣어 배의 새로운 브랜드 가치를 만들고 이산화탄소 삭감에도 기여하고 있다.

일본에서 복숭아와 포도 생산 1위 현인 야마나시현에서는 전정 과정에서 발생하는 전정가지 부산물을 숯으로 만들어(탄화) 과수원 토양에 넣아 탄소격리에 기여하고 있다. 동시에 탄소 감축 농산물을 마케팅에 활용하고 있다.

나주 배 과수원에서는 미세먼지 방지 차원에서 과거처럼 왕겨를 태우는 일은 줄었으나 왕겨숯을 만들고 토양에 넣었던 전통은 이어지고 있다. 배나무를 전정할 때 많은 부산물이 발생하게 되는데 친환경적인 방법으로 왕겨와 전정가지 부산물을 바이오숯으로 만들어 과수원 토양에 넣게 되면 탄소 농업이 된다. 탄소 농업으로 생산한 나주 배는 차별화가 되며 세계 각지로 수출할 때 온실가스를 감축하면서 생산한 배로 환영받을 수 있게 된다.

나주에서 한파와 서리를 극복하기 위해 왕겨를 태워 숯을 만들고 과수원 토양에 왕겨숯을 넣었던 농법은 탄소 감축 측면에서 훌륭한 스토리이자 값진 농업유산이다. 전정가지의 바이오숯화 등 이러한 유산을 시대에 맞게 효과적으로 활용한다면 나주 배의 새로운 도약을 도울 보물이 될 것이다.

저탄소 농축산물 가공과 저장

1
농업의 탄소중립 혁명, 이산화탄소로 전분 합성

토지가 아닌 공장에서 식량을 생산하는 기술이 개발되었다. 2021년 9월 국제학술지인 〈사이언스Scince〉 온라인판에는 세계 최초로 이산화탄소를 이용해 전분을 합성하는 방법에 관한 논문이 게재되었다. 이 논문은 중국과학원 천진공업생물기술연구소TIB: Tianjin Institute of Industrial Biotechnology에서 개발한 기술로 탄소중립과 농업에 혁명적인 연구라 할 수 있다.

탄소중립은 지구온난화 주범이라 할 수 있는 이산화탄소를 배출한 만큼 이산화탄소를 흡수하는 대책을 세워 이산화탄소의 실질적인 배출량을 0으로 만든다는 개념인데 TIB에서 개발한 전분 합성 기술은 이산화탄소 자체를 사용해 식량을 만드는 기술이다.

식량 측면에서 식물의 광합성에 의존하지 않고 전분을 인공적으로 합성하는 것은 가히 혁명이라 할 수 있다. 식물에 의존한 농업은 작물의 생산을 위해서 토지, 물, 관리 등이 필요하고 그에 따른 경비와 탄소발자국이 발생한다. 그런데 TIB에서 개발한 합성 전분은 기존 농업에서 생산되는 전분보다 약 8.5배 더 효율적이다. 에너지 공급이 충분하고 기술적인 매개변수가 있는 조건에서 생물반응기 1m³의 연간 전분 생산량은 0.33ha에서 생산한 옥수수 전분 양과 맞먹는다.

식물이 이산화탄소를 흡수해서 전분을 합성하는 원리를 이용해
식물 없이 이산화탄소만으로 전분을 만드는 기술이 개발되었다.

전분은 인류의 가장 중요한 식량이자 성분이며 동시에 중요한 산업 원료이다. 전분은 주로 농작물의 광합성을 통해 태양에너지, 이산화탄소, 물을 전분으로 전환하는데 TIB 연구진은 이산화탄소와 전기분해로 생성한 수소를 이용해 전분을 합성하는 인공 과정을 성공적으로 개발했다.

TIB에서 개발한 전분 합성은 태양광 발전으로 태양에너지를 전기에너지로 전환시킨 다음 태양광 전기를 가수분해하여 수소를 만든다. 그리고 촉매를 이용해 수소로 이산화탄소를 환원해 메탄올을 만들고 이것을 다시 전분으로 전환시키는 것이다. 이 과정은 11단계의 핵심적인 생화학 반응을 다루고 있는데 전분의 합성률은 옥수수 전분 합성률보다 8.5배 더 높다.

자연계에는 메탄올로 전분을 형성하는 생명 과정이 존재하지 않는다. TIB에서는 이 과정을 인공적으로 구현하기 위해 동식물과 미생물에서 62개 생물 효소 촉매를 찾아냈고 이 중에서 최종적으로 10개의 효소를 사용하여 점차적으로 메탄올을 전분으로 전환시켰다. 이 과정에는 소화가 쉬운 아밀로펙틴뿐만 아니라 소화가 느리고 혈당 상승이 느린 아밀로스도 합성할 수 있었다. 합성한 전분 샘플은 성분이나 이화학적 성질에서 모두 자연적으로 만들어진 전분과 같았다.

작물 재배는 일반적으로 오랜 시간이 필요하고 넓은 면적의 토지, 물, 비료, 살충제, 기타 농업 생산 재료의 사용이 필요하다. 식물 광합성과 무관하게 전분을 인공적으로 합성하는 기술 적용으로 전분이 생산된다면 90% 이상의 경작지와 담수 자원을 절약할 수 있게 된다. 농약과 화학비료 등 자연환경에 부정적인 영향을 주는 것들을 피할 수 있고, 인류의 식량 안전 수준 제고와 탄소중립 및 생물 경제의 발전을 촉진시킬 수 있다.

TIB에서 개발한 전분 합성 기술은 당장 실용화하기 어렵지만 멀지 않아 농사를 짓지 않고도 탄수화물의 수요를 만족시킬 수 있는 가능성을 만들었다. 즉, 양조장에서 맥주를 만들듯이 공장에서 이산화탄소로 전분을 만들 수 있게 된다. 이는 전통적인 농업 생산이 공업 생산으로 전환됨을 의미하고 농업의 패러다임 또한 변하게 되는 것이므로 그에 따른 농업계의 대책이 요구된다.

2
급성장 중인 식물성 달걀, 대체 달걀

동물성 달걀이 아닌 식물성 원료로 만들어진 대체 달걀 소비가 빠르게 증가하고 있다. 대체 달걀은 일반적으로 대두, 녹두 등의 콩 유래 단백질로 만들어지고 있어 식물성 달걀이라고도

싱가포르 OsomeFood에서 개발한 대체 달걀
출처: www.awebyosomefood.com

불린다. 대체 달걀은 자연 달걀과 거의 같은 양의 단백질이 함유되어 있으나 콜레스테롤은 없다. 식감이나 맛은 자연 달걀과 구별이 안 될 정도로 비슷해 달걀의 대체 식재료로 급속히 성장하고 있다.

비영리NPO 단체 굿 푸드 협회The Good Food Institute의 최신 자료에 의하면 2020년 대체 달걀 시장은 전년 대비 168% 증가했다. 시장 조사 기관 Knowledge Sourcing Intelligence에서는 2026년 세계 대체 달걀 시장이 26억 2000만 달러로 성장할 것이라고 전망했다. 연평균 성장률은 121%로 예측되어 향후 큰 성장이 기대되고 있다. 2021년 1월 중국의 패스트푸드 체인점 디코스德克士는 2,000개의 점포 중 500개의 점포에서 달걀 대신 대체란을 사용하기 시작했다. 아침 식사 메뉴를 포함한 일곱 가지 메뉴에서 대체 달걀을 사용한다.

대체 달걀은 액상이나 가루 형태로 유통되는 것이 대부분이며 일부는 자연 달걀과 비슷한 모양의 삶은 달걀로 유통되고 있다. 보통은 액상으로 병에 담아 유통되고 있어 소비자들은 대체 달걀을 병에서 꺼내 스크램블 에그나 오믈렛을 만들 수 있다. 또한 케이크 등의 재료로 달걀 대신 사용할 수도 있다.

해조류를 주원료로 만들어진 가루 형태의 달걀은 식이섬유가 풍부하고 철분과 요오드, 아연, 비타민 A 등의 영양소를 포함하고 있다. 자연 달걀보다 낮은 칼로리라는 점이 매력이며 자연 달걀과 마찬가지로 달걀 요리에 사용할 수 있다.

대체 달걀이 주목받으며 급성장하는 이유는 많다. 그중에서 환경부하 경감의 이유가 특히 주목 받고 있다. 보통 산란계 축산은 환경부하가 커 온실가스 배출량은 달걀 1kg당 4.67kg, 토지 사용량은 1kg당 6.27m², 물 소비량은 1kg당 578L가 된다. 이에 비해 이트 저스트Eat Just의 식물성 달걀은 물 사용량 98% 감소, 토지 사용량 83% 감소, CO_2e이산화탄소 환산 배출 93% 감소 효과가 있다. 달걀을 얻기 위해 닭을 사육할 필요가 없고 물 등의 천연자원이 대량으로 소비되지도 않는다.

대체 달걀의 장점은 이외에도 자연 달걀을 먹을 수 없는 채식주의자의 경우 대체 달걀의 등장으로 레시피의 폭이 크게 넓혀졌다는 점이다. 대체 달걀은 달걀 알레르기에 민감한 사람들도 먹을 수 있다. 우리나라의 경우 좁은 케이지에서의 산란계 사육이 많다는 점에서 동물복지와 위생면으로 대체 달걀은 그 대안이 될 수도 있다.

대체 달걀은 이렇듯 장점이 많으나 단점도 있다. 무엇보다도 대체 달걀은 기존의 산란계 사육자 감소 등 농민에게 타격을 주고 대형 식품회사의 이익이 증가하는 산업구조 변화가 예상된다. 소비자 입장에서는 아직 생산 및 가공비용이 많이 들기 때문에 비쌀 수밖에 없다. 구입하려 해도 판매처가 많지 않아 아직은 쉽게 구입할 수 없다. 또한 식감이나 맛이 달걀과 흡사하다고는 하나 요리하면 "진짜 달걀보다 약간 더 단단한 식감", "달걀과 같은 부드러운 식감을 느낄 수 없다"고 느끼는 사람도 있을 것이다. 이 밖에 일부 요리에는 제한적으로 사용되는 단점도 있다.

그럼에도 불구하고 식물성 대체 달걀 시장은 탄소중립, 친환경의 흐름 속에서 확실하게 성장해 나가고 있어 산란계 관계자나 소비자 모두의 관심과 활용이 필요할 때이다. 특히 산란계 농가의 경우 대체 달걀의 도래에 따른 대응책 모색이 필요한 시기이다.

3
식물성 고기, 독자기술 개발과 수요 대책 세울 때

식물성 고기 시장이 무섭게 성장하고 있다. 대체육의 일종으로 식물 유래 고기로도 불리는 식물성 고기는 콩과 채소 등의 원료에서 단백질을 추출하여 가열과 냉각, 압력 등을 거쳐 고기 맛이 나도록 가공한 식품이다.

글로벌 마켓 데이터Global Market Data에 의하면 세계 식물성 고기 시장 규모는 2019년 50억 4800만 달러 수준에서 2023년 60억 3,600달러(약 7조 548억 원) 수준까지 성장할 것으로 예측했다.

임파서블 푸드Impossible Foods의 조사에 따르면 미국에서 밀레니얼 세대의 거의 절반이 한 달에 한 번 이상 식물성 고기를 먹고 있으며, 베이비붐 세대는 20%만 섭취하는 것으로 나타났다. 건강과 환경 문제에 인식이 높은 미국에서는 동물성 단백질 대체 식품으로 식물 유래 원료를 사용한 식품 시장이 확대되고 있다.

그 매출액은 2018년 45억 달러, 2019년에는 전년 대비 11% 증가한 50억 달러로 늘었다. 특히 식물성 고기 매출액은 2018년 7억 9000만 달러(전년 대비 16% 증가), 2019년 9억 4000만 달러(전년 대비 18% 증가)로 급속히 확대 붐이 일고 있다.

국내의 대체육 시장은 약 200억 원 규모로 추산되며 식물성 고기는 2018년 기준 5조 6000억 원에 달하는 식육가공품 시장 규모의 약 2% 수준에 불과하다. 그러나 국제사회에서 향후 2040년까지 전통 고기의 공급률은 33% 이상 감소하고 인공 고기와 새로운 식물성 고기가 그 대용품이 될 것이라는 연구 결과도 있다. 유럽과 미국이 이끌고 있는 식물성 고기의 소비 증가 추세는 앞으로도 계속되어 식품 산업의 변화를 주도할 것으로 보여지며 이제는 식물성 고기의 장기적인 발전 가능성을 과소평가할 수 없는 상황이 되었다.

식물성 고기의 수요와 관심 증가의 배경에는 세계적인 인구증가에 따른 육류 수급 균형 우려와 탄소발자국, 지속 가능성, 토양 품질, 수질 및 대기오염, 폐기물 문제 등의 환경 배려도 있다.

같은 양의 단백질을 가진 소고기와 대두를 생산하는 데 발생하는 온실가스는 소고기가 대두와 비교해 100배 정도 더 많으므로 온실가스 감축 측면에서도 식물성 고기는 그 의미가 크다고 볼 수 있다.

식물 기반 식품의 제품 개발은 전 세계적으로 가속되고 있으며 최근의 기술혁신에 의해 고기와 같은 맛은 물론 고기보다 더 맛있는 고기의 식감을 만들어 내는 일도 가능하게 되었다. 건강과 영양을 테마로 한 식물 고기에 관한 연구도 진행되어 항비만, 질병 예방 등 건강 측면에서 명확히 우위성을 갖는 식품으로 발전하고 있다.

식물성 고기의 이와 같은 소비 증가와 연구 진전은 '식물성 고기 = 소수의 채식주의자를 위한 비건Vegan 식품'이라는 인식에서 벗어나야 할 때임을 의미한다. 동시에 농식품 수요 품목과 구조 변화는 곧바로 농가에게 영향을 미치게 되므로 전통 고기의 수요 감소와 식물성 고기의 수요 증가에 대비책이 필요함을 보여준다.

식물성 고기는 콩과 채소 등의 원료에서 단백질을 추출하여 만들므로 식물성 고기 제조에 선호하는 종류의 작물을 육성하고 이들 품목의 효율적인 재배기술의 개발 등 식물성 고기에 초점을 맞춘 농업기술과 방법의 최적화와 함께 특성화로 소득증대 방안을 마련해 나가야 한다.

식물성 고기 가공 측면에서도 독자 기술개발과 함께 국내 농산물 산지와 연계시켜 지역 농산물의 신뢰도를 바탕으로 소비 촉진과 지역 경제 활성화에 기여할 수 있도록 해야 한다.

4
미국 농무부, 친환경 농업 차원의 배양육 투자

미국 농무부USDA 톰 빌색Tom Vilsack 장관은 최근 친환경 농업에 10억 달러를 투자할 것이라고 밝혔다. 투자처는 온실가스 배출을 줄이거나 탄소를 격리하는 농업 관련 분야이며 미국 농무부 산하 상품신용공사CCC: Commodity Credit Corporation를 통해 지원한다.

미국 농무부의 친환경 농업 지원 프로젝트는 이미 진행 중으로 2022년 초 처음으로 배양육Cultured Meat산업 육성을 위해 미국 국립세포농업연구소National Institute for Cellular Agriculture 설립에 1000만 달러를 지원하기로 했다. 국립세포농업연구소는 유명한 배양육 전문가인 터프츠 대학Tufts University의 데이비드 캐플런David Kaplan 교수가 이 계획을 이끌고 몇 개의 대학이 참여하고 있다.

미국 농무부가 친환경 농업의 일환으로 배양육에 투자하자 배양육은 세계적으로 주목받고 있다. 식물성 고기와 함께 대체 고

기인 배양육은 동물을 사육하는 대신 줄기세포를 추출한 뒤 이를 배양해 만드는 세포 배양 단백질 식품이다.

배양육은 축산이 안고 있는 온실가스 발생 해결을 위한 대안으로 주목받고 있으나 그 잠재적 이점은 불확실한 점이 많다. 현재 배양육이 사회에 미치는 영향과 과제에 대해 일본 도쿄 대학 무라야마 요네타로村山俊太 등은 다음과 같이 여덟 가지로 분류했다.

첫째, 배양육 기술은 환경부하가 낮은 식육 생산 방법이나 많은 전제 조건에 의존하기 때문에 평가는 아직 이르다. 둘째, 배양육 기술은 동물복지를 실현하는 식육 생산 방법이라 할 수 있다. 셋째, 배양육 기술은 세계적인 식량 수요에 대응함과 동시에 식육의 안정공급을 실현할 수 있으나 아직은 배양육이 적절한 해결책이라고 할 수 있는지는 의심스러운 점이 많다. 넷째, 배양육 기술은 식중독과 가축 감염증의 위험을 줄일 수 있다. 다섯째, 배양육 기술은 지식경제에 의한 경제 활성화에 기여함과 동시에 기존의 축산업이나 사료작물 농가 등에 타격을 줄 가능성이 있다. 여섯째, 배양육 기술의 사회적 수용을 둘러싼 다양한 반응·견해가 표출될 것으로 예상된다. 이들은 소비자의 수용, 사회의 인식, 윤리적 문제, 종교·문화의 영역에서 발생할 것으로 생각된다. 일곱째, 배양육 기술의 실용화에는 현행법령의 정비와 판매 승인 등이 해결되어야 한다. 여덟째, 배양육 기술은 우주 환경에서의 식량 생산 등 특수한 용도에 유리하게 사용할 수 있다는 지적이 있으나 이러한 용도에 대한 전망은 불투명하다.

한편 배양육 산업을 육성하기 위해서는 실용화·시장 투입까지의 단계에서 산관학 제휴로 연구 환경 정비와 정부·기업에 의한 룰 형성이 필요하고 시장 투입으로부터 사회의 수용을 거쳐 생산 규모가 확대되는 단계에서는 건전하고 공정한 시장 경쟁과 다양한 측면에서의 논의가 필요하다.

배양육 생산의 사회적 영향이 현재화하는 단계에서는 기존의 축산업 감소 등 이해관계자의 이해대립과 배양육 생산을 둘러싼 경제의 정의·공평 문제가 해결되어야 하고 환경부하 등의 장기적 영향이 현재화되기 위해서는 환경·식문화 등의 사전 영향 평가와 시스템적인 대응이 필요한 점 등의 과제를 안고 있다.

따라서 배양육의 산업화에는 선결 과제들이 산적해 있으나 이미 배양육 개발에 뛰어든 업체는 세계적으로 100여 곳에 이른다. 세계 육류 소비 시장의 28%를 차지하는 중국 또한 2022년 1월에 발표한 '제14차 국가 농업 및 농촌 과학 기술 발전 5개년 계획'에서 배양육을 식물성 달걀, 재조합 단백질과 함께 앞으로 육성할 미래식품 제조기술 분야로 꼽았다. 배양육은 이처럼 농업과 식산업에 새로운 화두를 던지면서 대응책을 요구하고 있다.

5
터키 카파도키아 지하도시와 농산물의 탄소발자국

터키 카파도키아는 이스탄불에서 약 700km 떨어진 곳에 위치한 유명 관광지다. 화산이 많고 고도 약 1,000m 고원인 카파도키아는 뜨거운 열기와 얼어붙은 눈을 모두 볼 수 있는 자연경관이 매우 매혹적이다. 게다가 약 3,500년 전부터 사람이 살았던 것으로 추정되는 고대 지하도시는 감탄을 자아내게 만든다.

카파도키아 남부의 데린쿠유Derinkuyu에는 약 35개의 지하도시가 광활한 풍경 아래를 가로질러 뻗어있다. 데린쿠유 지하도시에는 한때 2만 명 정도의 주민이 살았던 곳이다. 부드러운 화산암 덕분에 지하 동굴을 파기 용이한 이곳에는 11층 깊이에 600개의 입구와 다른 지하도시를 연결하는 수 킬로미터의 터널이 있다. 지하 터널에는 집, 학교, 사원까지 있으며 가축을 위한 마구간, 포도주 저장고, 우물, 물탱크, 요리용 구덩이, 환기구, 공동실, 욕실, 무덤 등이 있다.

침략자들로부터 은신과 종교 박해를 피할 목적으로 지어진 것으로 추정되는 이 지하도시의 역사는 기원전 8~7세기로 거슬러 올라간다. 그 시대의 여건을 생각하면 지하도시의 건축물은 웅장하고 역사와 건축적인 측면에서 중요한 의미를 지닌다. 일부 건물은 14층 높이까지 만들어진 이 동굴은 여름에는 시원하고, 겨울에는 아늑한 공간이 된다.

데린쿠유에서 10km 정도 떨어진 곳에 위치한 카이마클리Kaymakli에서는 지하도시가 건설된 이래 사람들이 계속해서 살아왔으나 데린쿠유의 지하도시는 1963년에 발견되어 1969년부터 개방되어 방문객들을 맞이하고 있다. 오늘날 관광객들이 데린쿠유 지하도시에 접근할 수 있는 범위는 약 10%에 불과하다.

지하도시가 발견된 이후 많은 관광객이 모여드는 데린쿠유의 지하도시는 여름의 경우 오전 8시부터 오후 7시까지, 겨울에는 오전 8시부터 오후 5시까지 개방된다. 매혹적인 풍경과 지하도시로 인해 관광 산업이 발달한 이 지역은 최근 농산물 저장산업이 지역경제 활성화에 크게 기여하고 있다.

데린쿠유의 지하 동굴은 겨울의 가장 추운 날에도 온도가 4℃ 아래로 떨어지지 않는다. 동굴의 평균 온도는 7°~13℃이고, 한여름에도 12°~13℃를 유지하며, 습도는 70~90%이다.

레몬처럼 대량의 농산물을 저장해야 하는 곳에서는 이산화탄소, 산소 및 온습도계 센서와 원하는 저장조건을 제어하는 자동 환기 시스템을 설치해야 한다. 지하 동굴은 그 자연조건으로 인해 레몬과 같은 농산물을 저장시설로 이용하는 곳이 많은데 데린쿠유의 동굴 창고에는 연간 10만~16만 t의 레몬을 저장할 수 있다.

데린쿠유의 지하 동굴은 터키의 감귤류 수출에 중요한 자산이자 수많은 제품을 저장하고 보존하는 데 사용하고 있다. 이 동굴은 기존의 냉장시설과는 달리 자연적인 냉장실로 인해 날씨 조건에 영향을 적게 받으며 온도 조절에 사용되는 전기량은 1kwH 미만으로 에너지 효율이 높다. 동시에 농산물을 저장하면서도 탄소발자국을 최소화하는 저장법이어서 세계적으로 지속가능한 저장 시스템으로 주목받고 있다.

지하도시의 서늘한 조건에서 사과, 양배추, 콜리플라워는 최대 4주 동안 신선하게 보관할 수 있으며 감귤류, 배, 감자는 몇 달 동안 보관할 수 있다. 만들어진 지 수천 년이 지난 지금, 카파도키아의 지하도시는 다시 한 번 성장하면서 저장의 도시로 변신하고 있으며 그에 따라 일자리 또한 크게 늘어나고 있다.

농산물 유통 업체들은 수만 t의 과일과 채소를 터키의 지중해 연안 카파도키아로 옮겨 와 지하도시를 러시아, 유럽 및 기타 지역으로 수출하기 전 저장하는 시설로 활용하고 있다. 국제적인 기업들 또한 저장 용량을 늘리기 위해 새로운 동굴을 만들면서 카파도키아의 지하도시는 다시 성장하고 있다.

카파도키아 지하도시가 농산물의 저장 도시로 발전하고 있는 배경에는 저장 환경에 유리한 점, 비용이 적게 드는 점과 함께 탄소발자국이 적다는 점을 들 수 있다. 유럽의 소비자들은 탄소발자국에 대한 의식이 높은 편이므로 카파도키아의 지하도시에 저장한 농산물은 탄소발자국이 적은 것으로 차별성과 경쟁력을 갖게 된다.

농산물은 카파도키아 지하 저장고의 사례에서처럼 재배과정, 유통, 저장, 이용에 이르기까지 탄소발자국이 상품성을 좌우하는 시대에 진입했다. 시대의 흐름에 역행하는 농산물은 생존이 어렵다는 점에서 이제는 농산물의 유통과 저장에서도 탄소발자국을 줄이고 이를 소비자들에게 알리고 지지를 받아야 하는 시대가 되었다. 농산물 저장고로 변신한 카파도키아 지하도시는 농업 관계자들에게 그 사실을 알리고 있다.

6
탄소중립 농업유산인 나주 배 지하 저장고

탄소발자국이 적은 농산물에 대한 소비자 관심도가 높아지고 있다. 탄소발자국Carbon Footprint은 개인 또는 단체가 직간접적으로 발생시키는 온실가스, 특히 이산화탄소의 총량을 의미한다.

이산화탄소는 인간 활동으로 생성되는 주요 온실가스이며, 기후변화의 주요 원인으로 인식되고 있다. 1990년부터 2010년 사이 전 세계 이산화탄소 배출량은 40% 증가했다. 총 발생량은 연간 300억 t 이상으로 역사 이래 가장 많은 양이다.

대기 중 이산화탄소 농도를 증가시키는 일차적인 원인은 석탄, 천연가스, 석유와 같은 화석연료의 연소와 삼림 벌채이며 일상생활에서 사용하는 연료, 전기, 용품 등이 모두 포함된다. 가령 가정에서 3~4인용 400L 냉장고를 하루 반나절 정도 가동하면 1,000kcal 정도의 에너지가 소요되며 탄소발자국도 그에 따라 발생된다.

농업 생산과 유통 현장에서도 탄소발자국은 피하기 어렵다. 과채류를 저장하는 저온저장고 또한 에너지 소비가 많고 그에 따라 탄소발자국이 발생한다. 그래서 유럽 등지에서는 지구환경 보존 측면에서 에너지 절약이 가능한 지하 저장고나 제철 과채소류의 이용이 권장되고 있다.

탄소발자국을 줄이는 과채류의 지하 저장고는 최근에 부각된 것이 아니다. 과거부터 존재해 왔던 것으로 과거 나주에서도 배 재배 농가들은 굴을 파거나 지하에 배를 저장했었으며 그 유산은 지금도 남아있다.

과거 나주에서 배 저장에 사용되었던 지하 저장고는 탄소발자국 저감 측면에서 의미가 크다. 지하 저장고는 대체적으로 농장에 있었으므로 공동 저온창고까지 이동하지 않아도 되며, 근본적으로 온도 조절을 하지 않으므로 연료 소비가 적어 탄소발자국도 적다. 지하에 저장고를 만들었으므로 토지 이용 측면에서도 효율성이 높다. 무엇보다도 지상의 저온저장고에 비해 전기 소모가 적어 탄소발자국을 줄이는 친환경적인 저장시설이다.

과거 땅굴과 지하 저장고는 자연조건에 의존했으나 지금은 그곳에 배기구, 이산화탄소와 산소 및 온도조절기를 설치해 에너지를 적게 소요할 수 있게 되어 저온 저장 시설로서 손색이 없게 되었다.

나주 배의 농업유산인 지하 저장고를 시대에 맞게 활용하면 탄소발자국을 줄이는 효과와 더불어 탄소중립 농업이라는 상징성과 함께 윤리적 농산물이 된다. 탄소중립 농업은 우리가 조상들에게 물려받은 것보다 더 나은 상태의 지구를 우리 아이들에게 돌려주기 위한 행위이다.

지하 저장고에 저장한 배는 농업유산을 살린 탄소중립이라는 명분이 있고, 실제적으로 탄소발자국을 줄이는 것이므로 소비자들로부터도 지지를 받을 수 있다. 하여 나주 배 지하 저장고는 보존하고 시대에 맞게 발전시켜 나가야 할 소중한 탄소중립 농업유산이다.

7
녹차의 저탄소 가공과 마케팅에 나선 일본 기업

온실가스의 주범인 이산화탄소 감소에 의한 기후변화 완화는 지금 세계 공통의 과제이며 곳곳에서 실천을 위한 노력이 진행되고 있으며, 녹차 분야에서도 예외는 아니다.

차 분야에서도 차나무 재배, 녹차 제조 유통에 이르기까지 탄소발자국을 줄이기 위한 노력이 활발하게 진행되고 있다.

일본 코카콜라CoCa-Cola에서는 2021년에 맛과 저탄소에 초점을 맞춘 녹차 큐브를 출시했다. 녹차 큐브는 찻잎에서 추출한 추출물을 농축 동결시킨 뒤 진공 상태에서 탈수한 것이다. 제조 과정에서 강한 가열 처리가 없으므로 재료 본래의 향기나 맛이 보존되는 특징이 있다. 정육면체로 만든 작은 녹차 큐브에는 무수히 많은 마이크로 구멍이 존재하는 구조이므로 물에 쉽게 녹는다.

먹는 방법은 녹차 큐브 1개를 200~400mL 물에 넣어 먹으면 된다. 한 파우치에 녹차 큐브 15개가 들어있으며 중량은 18g이다. 녹차 큐브 제조사인 일본 코카콜라 측에서는 녹차를 먹는 과정에서 시간이 매우 단축되며, 맛있고, 저탄소라는 점을 강조하고 있다. 파우치는 친환경 종이 사용으로 플라스틱 수지 사용량을 약 13%, 이산화탄소 배출량은 약 18% 절감했고 개별 포장을 하지 않아 쓰레기가 줄어든다고 홍보하고 있다.

일본 (주)이토엔伊藤園은 지속 가능한 사회·환경 목표에 입각한 '이토그룹 환경 방침'을 바탕으로 플라스틱 쓰레기 문제 해결의 한 방안으로 부직포가 아닌 식물 유래 생분해성 필터를 사용한 친환경 녹차 티백을 개발해 상용화했다. 티백의 구조를 연구해 필터 사용량도 기존 대비 약 50%를 줄였다. 포장은 종이를 사용하여 플라스틱의 연간 사용량을 15t 정도 줄였다.

일본 코카콜라와 (주)이토엔처럼 다수의 기업이 기업의 사회적 책임을 앞세우며 저탄소 상품의 개발과 홍보에 앞서는 것은 사람과 사회, 환경친화적인 윤리적 소비가 소비의 흐름을 형성하고 있으므로 이에 따른 생존 전략의 일환이다.

따라서 차나무의 재배 관리, 수확, 제다, 상품화와 유통에 이르기까지 이산화탄소를 줄이기 위한 노력과 함께 이를 마케팅에 활용하는 것도 변화된 시장에 대응하는 길이다.

농축산물 포장과 탄소발자국

1
친환경 및 저탄소 농산물, 과대포장 없애야

저탄소 인증과 친환경 농축산가공품의 유통량이 크게 증가하고 있다. 농산가공품은 정부의 6차 산업인 농촌융복합 산업 지원책에 의해 크게 늘었으며 그 생산 주체도 농가가 되면서 다양해졌고 지역적 특색도 뚜렷해졌다.

담양군은 지난 2021년 지역에서 생산하는 농·특산물을 효과적으로 홍보하고 판매하기 위해 판매 제품을 한군데에 모아 온·오프라인 전문 판매장인 '담양장터 몰'을 개설했다. 이곳에서 진열된 농산가공품은 47개 업체에서 생산한 300여 개 품목이다.

담양군에서만 생산한 품목이 300여 종이라는 점에서 전남 22개 시군에서 생산한 것을 모두 모으면 중복되는 품목을 제외하더라도 그 종류가 매우 많음을 짐작할 수 있다. 이들 상품은 대체적으로 지역의 전통 특산물과 가공기술을 기반으로 한 것들이 많아 지역적 이미지가 강한 특색이 있다.

담양의 경우 대나무를 자원으로 한 것, 떡갈비, 한과 등의 품목에서부터 기존의 담양 특산이라는 이미지가 강한 것들이 가공되어 소비자들이 구입과 사용이 편리하도록 만든 것들의 비율이 높다. 전남의 다른 지역의 농산가공품 또한 크게 다르지 않아 지역적 특색이 강하다.

전남 22개 시군별 농산가공품은 그렇게 지역별 특색이 나타나나 이것을 전남이라는 광역 카테고리에 포함시키면 그 특색이 뚜렷하지가 않다. 현재 전남은 구례 산수유, 나주 배, 보성 녹차 등 지역적 특색이 뚜렷한 제품들이 많은 가운데 2020년 말 기준 전국 친환경 농산물 인증면적의 56%를 차지하고 있어 국내 최대 친환경 농산물 산지라는 이미지가 강하다.

전남의 1차 농산물 자체는 친환경 농산물이라는 이미지가 강하지만 가공품이 되면 전남의 강점인 친환경이라는 이미지를 제대로 살려내지 못하고 있다. 그 대표적인 이유로는 포장을 들 수 있다. 개별적인 포장에는 친환경 농산물을 표기하고 있으나 '친환경 농산가공품 = 전남산'이라는 공통된 포장 특색이나 이미지가 없다.

현재 환경과 관련해 지구상의 키워드는 지속 가능한 개발 목표SDGs: Sustainable Development Goals이다. 농산가공품과 SDGs를 연계시켜 보면 개선해야 할 점이 무척 많은데 특히 '친환경 농산가공품 = 전남산'이라는 특색을 살리는 측면에서는 포장부터 우선적으로 개선되어야 한다. 포장은 포장재의 원료, 종류, 제조 과정과 방법 등 여러 가지가 있는데 가장 시급한 것은 과대포장의 개선이다.

탄소 배출 감축을 위해서는 재배뿐만 아니라
친환경적인 포장재의 사용과 함께 과대포장을 줄여야 한다.

과대포장은 ▲ 필요 이상으로 공간 용적이 큰 것 ▲ 필요 이상으로 포장 비용 비율이 높은 것 ▲ 필요 이상으로 포장 횟수가 많은 것 등을 들 수 있다. 외국에서는 과대포장을 개선하기 위해 법률이나 지자체가 조례를 정해 제한하고 있다. 포장재와 상품 사이에 불필요한 빈 공간에 대해 캐나다는 10% 이하, 미국은 식품, 화장품 등을 포장할 때 빈 공간이 생기는 것을 금지하고 있다.

일본에서는 지자체별로 차이가 있는데 오사카의 조례를 보면 과대포장의 기준은 공간 용적이 15% 이상인 것으로 규정하고 있으며 포장 용기를 사용한 후 다른 용도로 사용할 수 있도록 하고 친환경자재의 사용을 권장하고 있다. 외국에서는 이미 이처럼 과대포장을 억제하기 위해 국가 및 지자체별로 조례 등을 제정하여 실행 중이다.

전남은 그동안 전국 친환경 농산물 인증면적의 2분의 1 이상이라는 놀라운 성과를 거두면서 SDGs 및 안전한 먹거리 공급지 역할을 해왔다. 이제는 농산가공품의 포장 분야에서도 친환경과 지구환경 보존 측면에서 앞장서야 한다. 그 과정에서 소비자들이 전남의 농산가공품을 외관으로도 쉽게 알 수 있고 홍보에 활용하고 친환경이라는 이미지를 소비자들이 포장에서부터 알 수 있도록 만드는 부수적인 효과를 거둘 수 있도록 해야 한다.

한편 저탄소 인증의 농축산물도 다르지 않다. 농작물의 재배나 가축의 사육 과정에서 제아무리 온실가스를 감축시켜도 과대포장으로 탄소발자국이 커진다면 저탄소 인증이 무의미해진다. 생산과정뿐만 아니라 생산물의 포장 또한 탄소발자국을 줄여야 한다.

2
친환경 포장, 로컬푸드에서 앞장서야

탈플라스틱은 지구환경을 지키기 위한 세계적인 추세이다. 전 세계 플라스틱 생산량은 2015년 기준 약 4억 700만 t이다. 폐기되는 플라스틱 중 14~18%는 재활용, 24%는 소각, 나머지는 불법으로 투기 및 소각되는 것으로 알려져 있다. 회수된 플라스틱 쓰레기의 약 79%가 매립 또는 해양 등에 투기되고 있으며, 2050년에는 해양의 플라스틱 양이 어류 양을 웃돌 것으로 추정하고 있다.

2015년 유엔 정상회의에서는 플라스틱 폐기물 등 환경 문제가 심각해지자 '지속 가능한 개발 목표SDGs, Sustainable Development Goals'를 채택해 2030년까지 17건의 목표를 달성하기로 했다.

SDGs의 17가지 목표 중 목표 12에서는 식량 생산과 버려지는 식품의 절감 등의 과제가 포함되어 있다. 목표 14는 플라스틱 쓰레기 감소를 말하고 있는데 채소 등의 포장과 유통에 플라스틱 포장이 많이 사용된다는 점에서 합리적인 대응이 요구되고 있다.

비닐을 포함한 플라스틱 쓰레기 문제에 대한 세계적인 인식이 높아짐에 따라 각국은 다양한 대책을 강구하고 있다. 유엔환경계획UNEP이 2018년에 내놓은 보고서에 따르면 아시아에서는 7개국, 아프리카에서는 무려 26개국이 비닐봉지 사용을 금지하고 있다. 다른 지역에서도 금지 국가가 많으며 비닐봉지뿐만 아니라 다른 플라스틱 제품의 이용에 대해서도 제한하고 있는 나라가 많다.

우리나라는 2019년 1월 1일부터 '자원의 절약과 재활용 촉진에 관한 법률(이하 자원재활용법) 시행규칙' 개정안이 시행됨에 따라 대형 마트나 일정 규모 이상의 슈퍼마켓에서 일회용 비닐봉지 사용이 금지되었으며 2030년까지는 전 업종에 걸쳐 금지된다.

대만에서는 2020년부터 플라스틱 쇼핑백, 일회용 용기 제공이 제한되었으며 2030년부터는 전면 금지다. 프랑스에서는 2020년 1월부터 일회용 플라스틱 용기 사용이 금지되었다.

바나나 잎에 음식을 싸는 전통을 가진 동남아시아 국가 중 태국, 베트남, 인도네시아 등지에서는 바나나 잎으로 감싼 채소가 슈퍼마켓에 전시 판매되고 있으며, 바나나 잎으로 싼 도시락이 판매되고 있다. 인도네시아 등지에서는 음식 포장에 야자나무 잎을 많이 사용한다. 도시락은 물론 치킨도 바나나 잎에 포장한 것들이 판매되고 있으며, 채소는 신문지를 오려 붙인 봉투에 담아 판매하고 있는 곳들을 종종 볼 수 있다.

야자나무 잎을 음식 받침에 사용하고 있는 모습(인도네시아)

인도에서는 감자, 타피오카, 옥수수, 천연 녹말, 식물성 기름, 바나나, 꽃 오일 등으로 만든 먹을 수 있는 비닐봉지가 실용화되어 있다. 외형은 비닐봉지이지만 생분해성이라 180일 이내에 분해돼 자연으로 돌아간다. 상온의 물에서는 1일 이내, 끓는 물에서는 15초 만에 분해된다.

플라스틱 문제를 해결하기 위해 각국은 이처럼 노력하고 있으며 소비자들도 "사람과 사회, 환경을 배려한 상품이기 때문에 산다"라는 '윤리적 소비'의 가치관이 확산되고 있다.

세계적인 흐름, 소비자 가치관 그리고 환경을 생각할 때 농산물의 판매와 유통에서도 플라스틱 사용의 퇴출은 지나칠 수 없는 문제이다. 현재 과채류 유통에서 포장지를 사용하는 이유는 수확 후 상품의 호흡에 의해 과채가 빨리 시드는 현상을 방지하기 위한 것과 개별 포장에 의한 구매와 정산의 편의성이 주요 이유이다.

그런데 로컬푸드 판매장은 생산에서 판매장까지의 물리적 거리뿐만 아니라 판매될 때까지의 기간도 짧다. 구매자들의 친환경 농산물에 대한 의식도 높은 편이다. 일반적인 유통과 비교해 농산물이 신선하고 필요한 양만큼 계량 구매가 확대하고 있는 추세이다.

로컬푸드 판매장의 설립 취지, 유통경로, 주 소비층의 특성을 감안하면 플라스틱의 퇴출, 종이와 연잎 등을 활용한 친환경 포장의 도입 등에 앞장서기에 가장 좋은 시기다. 친환경이라는 이미지 선점에 의한 판매력 향상이라는 측면에서도 나서면 나설수록 좋은 곳이 로컬푸드 판매장이다. 로컬푸드 판매장에서부터라도 친환경 포장의 도입과 활용에 앞장서길 바란다.

3
먹을 수 있는 필름

태국의 바이오 기술개발 업체인 에덴 에그리테크Eden Agri-Tech는 먹을 수 있는 필름(가식성 필름)을 개발했다고 밝혔다. 액체로 된 이 필름은 청과물 등의 표면에 바르면 막이 형성되어 신선도가 유지되고 필름은 먹을 수 있다는 점이 특징이다◆.

가식성可食性 필름Edible Film 개발은 에덴 에그리테크가 처음 시도한 것은 아니다. 12세기 경 중국 남부에서는 오렌지와 레몬을 수확한 후 북경으로 보내기 위해 왁스액에 담가서 표면을 왁스지질, 脂質로 얇게 코팅해 수분 증발을 막고 신선도를 유지했다◆◆.

가식성 필름에 관한 연구는 1980년대 이후 급격하게 이루어졌다. 개발된 가식성 필름은 주로 과일이나 채소의 신선도, 향

◆ 출처: 日本農業新聞. 2020.12.20.
◆◆ 출처: Hardenberg, R.E. Agric. Res. Serv. Bull. 965:1. 1967.

기, 맛, 조직 및 영양분을 유지하는 데 사용하고 있다. 특히 배나 사과와 같은 과일의 껍질을 제거한 후 먹기 좋은 크기로 자른 후 가식성 필름액을 살포하면 코팅이 되어 껍질이 있는 것처럼 갈변하지 않고 신선도가 유지되는 특징이 있다. 제조 방법은 젤라틴, 향료 등의 원료를 물에 녹여 얇게 건조한 것으로 물이나 열이 가해지면 녹는 것들이 많다.

가식성 필름에 사용한 재료는 감자, 고구마, 카사바 등의 구근에서 채취한 전분 외에 한천, 젤라틴, 알긴산나트륨, 해조 다당류 들을 많이 이용한다. 사용은 농업 분야 외에 의약품과 식품 장식 등 여러 분야에서 적용되고 있다.

가식성 필름이 많이 개발되었고 상용화가 되어 있음에도 태국의 기업체가 발명한 제품이 화제가 된 이유는 청과물용이라는 점 때문이다. 이 필름으로 도포하면 청과물에서 발생하는 가스와 수분을 조절하여 신선도를 유지하고 청과물을 먹을 때 이 필름을 세척하지 않고도 먹을 수 있다는 점이 특징이다.

가식성 필름 개발 소식은 2021년 2월 브라질에서도 전해졌다. 브라질 국립 그랜드 도우라도스 대학UFGD: Federal University of Grande Dourados 연구팀은 새우, 랍스터, 게 등의 갑각류에서 추출한 천연 고분자 키토산과 가정에서 사용하는 소독제 제4급 암모늄염, 항균성 화합물을 혼합하여 액상으로 가공해 가식성 필름을 만들었다. 이 혼합물을 달걀의 표면에 뿌리면 액체가 마르고 고분자의 초기 상태로 돌아가면서 곰팡이와 박테리아가 달걀 표면에 형성하거나 껍질의 모공으로 관통하는 상황을 방지할 수 있는 생물막이 형성된다.

UFGD의 연구진이 개발한 가식성 필름을 사용하면 달걀은 상온에서 30일, 저장 조건에서는 60일 정도 저장이 가능하다. 특히 닭고기, 달걀 등을 감염시키는 살모넬라균을 방지하는 데 효과가 크다. 살모넬라균은 저소득 국가에서 크게 문제가 되는데 감염되면 발열, 메스꺼움, 구토 등의 증상과 함께 심각한 장 감염을 일으킬 수 있고 심하면 사망을 초래할 수도 있다.

가식성 필름은 안전한 먹을거리, 식품 사용의 간편성, 환경보호 측면에서 최근 주목도가 높은데 이를 활용하면 차별적 마케팅은 물론 장기적으로는 봉지씌우기 대체재료 등 활용범위가 커질 전망이다. 이에 대한 관심과 더불어 우리도 이러한 제품 개발 및 전략적으로 활용하는 지혜가 뒤따랐으면 한다.

4
요소 비료로 기대되는 바이오 폐플라스틱

국내에서 요소수 공급 부족으로 요소에 관한 관심이 높아지고 있던 시기에 일본에서는 폐플라스틱을 이용한 요소 제조법이 개발되었다. 일본 도쿄 공업대학 물질이공학원, 도쿄 대학 농학생명과학연구과, 교토 대학 대학원 공학연구과의 공동연구팀은 식물을 원료로 한 플라스틱을 암모니아수로 분해함으로써 식물의 생장을 촉진하는 비료로 변환하는 데 성공했다.

플라스틱은 일상생활에 빠뜨릴 수 없는 고분자 재료로 70% 이상이 폐기되고 있으며 재활용 비율은 15% 이하에 그치고 있다. 플라스틱을 출발 원료까지 되돌려 재이용하는 공정은 케미컬 리사이클이라고 하며 오래전부터 연구가 진행되어 왔으나 폐기 플라스틱의 리사이클을 비약적으로 높이지는 못하고 있다.

현재 지속 개발 가능한 발전SDGs: Sustainable Development Goals 차원

에서 순환형 사회 구축을 위한 플라스틱의 처리 비용 개선이나 효율 향상, 종래의 리사이클 프로세스에 부가가치를 갖게 만든 새로운 리사이클 시스템 개발이 요구되고 있다.

일본 도쿄 공업대학 등의 연구진은 이러한 배경에서 옥수수를 재료로 만든 플라스틱 분해 과정에서 생성되는 화합물을 비료로 활용하기 위한 실험을 했다. 실험은 이소소르비드Isosorbide를 원료로 하여 폴리머의 주쇄 골격(반복 단위) 중 탄산염Carbonate 결합을 갖는 폴리카보네이트PIC를 합성하였다.

그다음 PIC를 암모니아로 분해하고 반응 용액의 시간 경과에 따른 변화를 조사한 결과 PIC에 암모니아수를 첨가한 반응 용액의 외관은 처음에는 불균일한 백색 용액이었지만 서서히 균일한 용액으로 변화하여 24시간 후에는 완전히 균일한 용액이 되었다.

탄산염 결합의 분해 과정에서 요소의 생성량이나 분해 생성물을 다각적으로 평가한 실험을 했다. 그 결과 반응 시간이 진행됨에 따라 폴리머 중 탄산염 결합의 절단이 일어나 분자량 저하가 확인됨과 동시에 요소의 전구체가 안정한 중간체로 생성되는 것을 확인할 수 있었다. 궁극적으로 PIC를 요소와 이소소르비드로 완전히 분해할 수 있는 것으로 밝혀졌다.

그런데 실온에서 PIC의 분해는 1개월이 소요되었다. 연구팀은 암모니아 농도나 반응, 온도의 영향을 검토하고 반응 조건을 최적화한 결과 암모니아를 사용해서 PIC를 6시간 이내에 요소와 이소소르비드로 완전히 분해하는 데 성공했다.

PIC를 분해해서 얻은 분해 생성물(요소와 이소소르비드의 혼합물)을 이용하여 애기장대 생육 실험을 한 결과 시판 중인 요소 및 이소소르비드를 1 : 1로 혼합한 것과 비교해 생장을 더 촉진한 것으로 나타났다.

유럽의 비료산업단체Fertilizers Europe에 의하면 암모니아 합성법이 발명된 지 1세기 이상이 지난 오늘날에도 요소로 대표되는 질소비료에 의해 생산된 식량은 세계 인구가 소비하는 양의 50% 정도라고 한다.

한편 옥수수나 사탕수수 등의 식물을 원료로 만든 플라스틱을 사용하면 석유처럼 고갈되지 않고 온난화의 원인이 되는 이산화탄소의 배출도 억제할 수 있다. 이 플라스틱을 사용하고 난 뒤 위의 연구 결과를 적용하면 암모니아로 쉽게 분해되어 비료로 사용할 수 있다. 따라서 위의 연구 결과는 '플라스틱 폐기 문제'와 '인구증가에 따른 식량 문제'를 동시에 해결하는 혁신적인 시스템이 될 것으로 기대된다.

5
플라스틱과 종이 빨대 대신 식물 빨대

전 세계적으로 연간 800만 t의 플라스틱이 바다로 흘러들고 있다. 플라스틱은 분해될 때까지 100~200년이 소요된다. 2050년에는 바다의 마이크로 플라스틱 수가 물고기 수를 넘어설 것으로 추정하고 있다.

그동안 1억 마리 이상의 해양 생물이 플라스틱 쓰레기로 인해 죽었다. 2018년에는 체내에 마이크로 플라스틱이 있는 해양 생물을 먹은 인간의 체내에서도 마이크로 플라스틱이 검출되었다는 보고서가 나왔다.

플라스틱이 이렇게 문제가 되자 지구 보존 차원에서 일회용 플라스틱을 줄이자는 목소리가 높다. 그린피스 등의 환경단체에서는 플라스틱 과다 사용업체에 대한 불매 운동 등을 펼침에 따라 세계적인 기업체에서도 플라스틱 사용을 줄이기 위한 아이디어를 짜내고 있다. 그러한 노력의 일환으로 음료를 마실 때 사용하는 플라스틱 빨대 또한 종이와 같은 식물 기반 재료로 만든 빨대의 사용이 증가하고 있다.

종이로 만든 빨대는 생분해성 또는 퇴비화가 가능한 것으로 판매되고 있다. 그런데 미국 플로리다 대학의 독물학자인 존 보든John Bowden은 38개 브랜드의 식물성, 즉 종이, 락트산, 쌀가루로 제작한 빨대를 조사한 결과 36개 브랜드에서 '영원한 화학물질'로 불리는 과불화옥테인술폰산PFAS이 검출되었다고 했다◆.

존 보든 교수팀은 PFAS 함량이 높게 나타난 빨대를 대상으로 음료수와 매립지의 일반적인 온도 조건에서 빨대의 PFAS 물질이 물로 침출되는지를 조사했다. 그 결과 추출 가능한 PFAS의 약 3분의 2가 모든 온도에서 침출되었다. 이것은 종이 등으로 만든 식물성 빨대를 통해 음료를 마시는 것 또한 PFAS에 노출될 수 있음을 의미하는 것이다.

필리핀 마닐라에 위치한 PH Sustainable 회사에서는 일회용 플라스틱 제품이 아닌 쌀가루와 타피오카Tapioca 전분으로 만든 빨대를 만들었다. 이 빨대는 튼튼하고 시각적으로도 매력적이며 고온과 저온의 모든 온도에서 견딜 수 있다. 액체 음료, 프라페, 싱커가 있는 밀크티에서도 견딜 수 있으며, 빨대를 음료에 오랫

◆ 출처: Chemosphere DOI: 10.1016/j.chemosphere.130238. 2021.

동안 담그면 부드러워지지만 건조 상태에서의 유통 기한은 2년이다.

베트남 호치민의 비영리 단체 Zero Waste Saigon에서는 대롱처럼 속이 빈 식물을 이용한 빨대를 개발했다. 신선한 것과 건조된 것이 있는데 일회용인 이 빨대에 대해 처음에는 사람들이 위생 우려로 사용하지 않으려 했으나 지금은 베트남의 100개 이상의 레스토랑과 호텔에서 사용하고 있다.

베트남에서 이용되고 있는 식물 빨대

출처: www.zerowastesaigon.com

베트남에서 빨대에 사용하는 식물은 Wild Gray Sedge이다. 이 식물은 '베트남 메콩 삼각주' 습지에서 야생으로 빠르게 자라기 때문에 수확하고 나면 몇 주 뒤에는 자연 속에서 다시 자라므로 지속적이고 쉽게 공급할 수 있다. 유기농 재배가 가능하며, 화학물질이나 방부제를 사용하지 않으므로 건강에 나쁜 영향을 미치지 않으며, 식사 후 구강 위생을 위해 씹을 수도 있고, 사용 후에는 퇴비로 사용할 수도 있다.

Wild Gray Sedge로 빨대를 만드는 과정은 이 식물의 신선한 줄기를 약 20cm로 자른 다음 바로 이용하거나 건조해서 사용한다. 갓 만든 빨대는 냉장 보관해야 하며 2주 이내에 사용해야 하고, 수출할 수 없다. 건조한 빨대를 만들려면 오븐에 구운 뒤 최대 3일 동안 햇볕에 건조하는데 이렇게 만들어진 빨대는 최대 6개월까지 이용할 수 있다.

종이 빨대의 경우 종이를 만들기 위해 산림을 훼손해야 하고 만드는 과정에서도 방수를 위해 PFAS를 사용함으로 화학물질의 노출도 우려되고 있다. 이에 비해 식물 빨대는 친환경적으로 탄소발자국을 줄이고 '지속 가능한' 목표에 기여하며, 생산자와 사용자 모두가 주목받을 수 있는 품목이다.

농업은 식물 빨대의 사례와 같이 시대의 변화에 따라 그 어느 때보다 농작물 품목, 용도에 대한 아이디어와 신속한 대응이 요구되고 있다.

6
그릇과 포장지 재료로 기대되는 연잎

연 재배지에서는 연근과 연꽃을 상업적으로 활용하고 있다. 일부 농가에서는 잎을 수확하여 가공 또는 출하하고 있으나 대부분의 농가에서는 방치하고 있다. 연잎이 방치되는 이유는 판로가 마땅치 않고 생산성이 낮으며 용도가 제한적이기 때문이다.

연잎은 현재 차와 연밥 등 음식을 감싸는 데 이용되나 그 수요가 많지 않은 편이다. 새로운 용도와 소비처를 모색하지 않으면 시간이 흘러도 지금의 상황에서 개선될 여지가 없다. 연은 수심이 낮은 방죽, 저수지, 담수가 쉬운 논에서 재배가 쉽고 재배 면적 확대가 용이하지만 소비가 많지 않아 소득작물로 활용되지 못하는 점은 안타까운 일이다.

연에 대해서는 그동안 소득작물 측면에서 연구가 많이 이루어져 왔다. 그 연구들은 대부분 식품 재료로서 특성과 적용에 관한 연구가 주를 이뤄왔고 성과를 냈으나 소비 확대에는 크게 기여하지 못한 측면이 강하다. 특히 지금은 '지속 가능한'이라는 목표가 매우 강조되는 시대인지라 넓은 잎을 가진 연은 식품 포장재나 그릇 재료로써 중요한 가치를 지니고 있으나 이에 대한 연구개발은 전혀 이루어지지 않고 있다.

연잎은 친환경 포장재로 유망하나 제대로 활용되지 못하고 있다.

현재 포장재나 일회용 접시, 컵, 그릇 등은 대부분 폴리에틸렌, 폴리프로필렌, 폴리에스터, 폴리에틸렌 테레프탈레이트, 폴리스티렌, 폴리카보네이트, 에폭시수지, 폴리설폰, 폴리염화비닐, 폴리염화비닐리덴, 멜라민 포름알데히드 등의 플라스틱으로 만들어진다. 이러한 플라스틱을 사용하면 식품에 비스페놀 A, 멜라민, 염화비닐, 프탈레이트 등의 독성 물질이 방출될 수 있다.

폴리카보네이트, 에폭시수지, 폴리설폰 등 플라스틱 합성의 출발물질인 비스페놀 A는 발암 가능성이 있는 물질로 전립선암, 유방암, 인슐린 저항성, 심장병 등을 유발한다. 가장 많이 사용하는 플라스틱 중 하나인 폴리스티렌은 비생분해성, 내광산화성, 암 의심 물질이며 갑상선 호르몬 수치에도 영향을 미친다. 폴리염화비닐PVC의 유연성, 투명도 및 내구성을 향상시키기 위해 가소제로 사용하는 프탈레이트는 호르몬 수치, 남성 생식 능력에 영향을 미치며 선천적 기형을 유발하고 발암물질로도 작용한다.

플라스틱 대부분은 석유나 천연가스와 같은 재생 불가능한 화석연료로 만들어지며 수요가 증가함에 따라 고갈되고 인간의 건강과 환경에 결정적인 영향을 미치게 된다. 다이옥신 및 퓨란과 같은 플라스틱을 소각할 때 방출되는 탄소 배출은 독성, 발암성 및 잔류성 유기 오염 물질POP이다. 천천히 분해되는 플라스틱 조각으로 인해 발생하는 해양 환경의 미세플라스틱 오염도 문제이다. 미세플라스틱은 바다와 바다의 먹이 사슬 내에 축적되어 심각한 건강 문제를 야기한다.

해외에서는 이러한 환경 문제에 대응하기 위해 바나나 잎, 연잎 등 식물의 잎을 슈퍼마켓 등지에서 포장재로 활용하고 있는 곳들이 증가하고 있다. 연잎 등은 자연 방수 코팅이 되어 있으며 다양한 박테리아와 곰팡이에 대해 상당한 항균 및 항진균 특성을 나타내므로 환경과 식품 매개 병원체로부터 우리를 보호한다◆. 식품으로 침출될 수 있는 풍부한 폴리페놀은 천연 항산화제로서의 기능을 갖는다◆◆는 장점이 있다.

독일 등지에서는 잎으로 그릇을 만들어 판매하는 업체도 있다. 잎 그릇은 플라스틱, 첨가제, 오일, 접착제 또는 화학물질을 전혀 사용하지 않는다. 독일에서 잎 그릇은 CNCComputer Numerical Control 공작기계와 프레스 기계를 사용하여 뮌헨 근처의 독일 공장에서 만들어진다. 또 다른 곳에서 만들어지는 잎 그릇은 야자 잎을 물에 담가 열로 압착하여 건조시킨 친환경 일회용 생분해 식기로 100% 퇴비화가 가능하다.

우리나라에서는 제조기술 못지않게 생산성이라는 문제가 제기되지만 친환경 상품을 강조하고 차별화에 의한 마케팅을 펼치고자 하는 업체에서 연잎은 매력적인 소재가 아닐 수 없다. 그러한 업체에서 사용할 수 있도록 만들기 위해서는 포장재와 그릇의 제조 및 사용 방법을 선제적으로 개발하고 제안할 필요가 있다.

연잎은 생산과 이용 측면, 시대적 적용성도 좋다는 점에서 포장재와 그릇으로 활용할 수 있기에 이를 개발해 농가소득도 높이고 환경보전에도 기여했으면 한다.

◆ 출처: Sahu and Padhy, 2013.

◆◆ 출처: Somayaji and Hegde, 2016.

7
연잎과 로터스 효과

친환경 시대가 화두로 떠오르면서 연잎에 대한 접근과 시각이 예전과 달라지고 있다. 과거 연잎은 식음료 측면에서 초점이 맞춰져 있었다면 지금은 환경 측면 시각이 강화되고 있다. 환경 측면에서 연잎에 대한 시각은 크게 포장용과 로터스 효과 측면으로 구분된다.

포장용으로 연잎이 고려되고 있는 것은 비닐을 포함한 플라스틱의 사용에 따른 폐기물 등 환경 문제가 심각해지고 있는 것과 관련이 깊으며 동남아시아에서는 플라스틱 포장지 대신 바나나 잎 등 식물의 잎을 포장지로 사용하는 경우가 늘어나고 있다.

동남아시아의 여러 나라에서는 밥이나 떡 등을 바나나 잎에 감싸 요리를 하고, 도시락처럼 이용하는 문화가 있다. 그런데 채소, 양념치킨 등을 바나나 잎으로 포장해서 유통하고 있다는 사실은 새로운 문화로 친환경 측면에서 도입한 것이다.

열대 및 아열대 국가에서는 바나나 잎 등을 포장용으로 활용하고 있으며 온대 지역에서는 바나나 잎 대신 연잎, 토란 잎이 주목을 받고 있다. 연잎은 연잎밥에 이용되고 있으며 중국 등지에서는 연잎으로 감싼 다양한 요리가 있어왔기에 연잎은 포장용으로 낯선 식물이 아니다. 토란 잎은 연잎처럼 크기가 넓으며 흔해 우리나라에서는 정월대보름에 나물과 쌈으로 먹는 문화가 있다.

연잎과 토란 잎은 플라스틱을 대체하는 포장지로 사용하기에는 아직 미흡하고 어려운 점이 많지만 이들 잎을 사용함으로써 친환경을 추구하기 위한 노력과 의지를 되새길 수 있으며 새로운 상품의 개발과 마케팅이라는 측면에서의 활용 전망도 좋다고 할 수 있다.

로터스 효과는 재료 공학에서 연에서 발견되는 자정을 가리키는 용어다. 연은 진흙이 많은 연못과 늪에서 잘 자라나 꽃과 잎은 깨끗한 상태를 유지한다. 특히 연잎은 젖지 않는 특성이 있는데 이를 연구한 독일의 식물학자 빌헬름 바르트로트Wilhelm Barthlott는 연잎의 천연 자정 메커니즘에 대해 '로터스 효과Lotus Effect'라 명명하고 상표를 등록했다.

로터스 효과는 미세 구조와 표면의 화학적 특성으로 인해 연잎이 젖지 않는 현상인데 연잎 표면에 묻은 물은 표면 장력에 의해 수은처럼 말려 물방울이 된다. 흙 등 이물질을 잎에 떨어뜨려도 굴러떨어진다. 토란 잎 등에서도 비슷한 효과가 있다.

연잎에 물이 달라붙지 않고 물방울이 되어 떨어지는 원리는 잎 표면과 물이 만나는 각도가 150° 이상이기 때문이다. 최근 나노기술 분야에서는 연잎의 미세한 요철 구조에 의한 소수성, 즉 로터스 효과를 다양한 제품에 응용하고 있다. 일본의 한 기업에서는 요구르트 제품의 용기 뚜껑에 사용하는 알루미늄에 이 기술을 적용해서 요구르트가 묻지 않도록 만들었다.

로터스 효과는 페인트, 지붕, 콘크리트, 유리, 천 등 다양한 제품에 응용되고 있다. 이 기술이 더욱더 발달하면 온실의 지붕, 콘크리트 벽면의 오염과 청소를 위한 노동력을 줄일 수 있다. 자동차 앞 유리 와이퍼 또한 필요없게 될 것이다.

연잎은 이처럼 로터스 효과에 의해 깨끗하고 잎도 커 식품 포

연잎은 로터스 효과가 있어 친환경적인 식품 포장재로 유망하다.

장과 가공제품에 응용하기 좋으며 친환경이라는 이미지가 강해 여러 가지 측면에서 기대효과가 높다. 그런 만큼 연잎을 로터스 효과와 친환경 상품 포장재로 연결하면 친환경 소재로서의 활용성이 높아질 것이다.

저탄소 농축산물의 유통과 윤리적 소비

1
클라이머테리언이 농축산 식품에 보내는 신호

지구 친화적인 라이프스타일과 온실가스 감축을 위한 의식이 세계 곳곳에서 피어나고 있다. 최근에 대두되고 있는 클라이머테리언도 그중 하나다. 국내에서는 클라이머테리언에 대해 '환경을 보호하기 위해 기후변화를 모니터하고 기후변화에 대한 조언을 따르는 개인'으로 해석하는 경우도 있으나 실제로는 '음식과 관련된 온실가스를 최대한 억제하는 것을 의식한 새로운 라이프스타일'이다.

클라이머테리언은 기후를 의미하는 'Climate'와 채식 등 식습관을 의미하는 '-tarian'의 합성어이며 영어로는 Climatarian라고 쓴다. 클라이머테리언이라는 단어는 채식주의자vegetarian 등과 비교했을 때 비교적 새로 도입된 단어로 2015년 미국 〈뉴욕타임즈〉에 처음 등장했다. 2016년에는 〈케임브리지 영영 사전〉

에 게재되었다.

2015년 〈뉴욕타임즈〉에서는 '기후변화를 역전시키는 것이 주요 목표인 식단'이라는 뜻에서 클라이머테리언 다이어트 Climatarian Diet라는 용어를 사용했으며 〈케임브리지 영영 사전〉에는 Climatarian에 대해 '식재료의 환경부하를 생각하고, 보다 부담이 적은 식품을 선택하는 사람'으로 해석되어 있다.

클라이머테리언은 식품을 선택할 때 재료의 환경부하까지 생각하는 사람을 말한다.

각각의 식재료는 생산, 수송, 저장 등의 과정에서 온실가스가 배출된다. 클라이머테리언은 이러한 온실가스의 배출이 가능한 적은 식품이나 메뉴를 선택하고 먹는 식습관이다. 예를 들면 '소고기 카레'와 '채소 카레' 두 가지가 있다면 클라이머테리언은 채소 카레를 선택하고, 소고기 카레와 치킨 카레가 있다면 치킨 카레를 선택한다.

식품의 탄소발자국은 1kg당 소고기는 2만 g의 이산화탄소에 상당하는 양인 반면 생선은 4,500g 미만, 가금류는 약 4,000g, 콩과 건과일은 2,000g 미만, 채소와 제철 과일은 1,000g 이하이기 때문이다◆.

클라이머테리언은 일반적으로 ① 생산 및 운송으로 소비되는 온실가스 배출량을 줄이기 위해 현지 제품을 사 먹는다. ② 완전히 없앨 필요는 없지만 고기 소비를 줄이고 온실가스 배출을 줄이기 위해 양고기나 소고기 대신 돼지고기, 닭고기, 칠면조 고기를 선택한다. ③ 과일 껍질 등 음식의 모든 부분을 먹음으로써 낭비를 줄인다,라는 세 가지 규칙이 있다. 이런 제한 사항은 있으나 현지에서 생산하는 제철 과일과 채소, 기타 식물성 식품은 원하는 만큼 자유롭게 먹는다.

미국과 유럽에서는 클라이머테리언이 증가하자 이를 지지하고 활용하는 업체와 서비스가 속속 등장하고 있다. 2020년 미국에서 만들어진 쿠리KURI라는 레시피 앱은 저탄소 식품 등 환경친화적인 식단을 제공하고 있다. 소비자들은 이 앱을 통해 생산과 수송비용 등 탄소발자국이 적은 식재료를 구입할 수 있다.

◆ 출처: https://en.wikipedia.org/wiki/Climatarian_diet

미국 각지에 점포를 두고 있는 샐러드 패스트푸드 체인점 'Just Salad'에서는 비건이나 글루텐프리 등의 메뉴와 함께 클라이머테리언의 메뉴로 식재료마다 소요된 온실가스를 제시해 소비자들이 탄소발자국이 낮은 메뉴를 우선적으로 선택할 수 있도록 하고 있다. 호주에서는 식사 때마다 식사에 사용한 식재료를 입력하면 온실가스가 계산되며, 한 달에 이산화탄소 80kg의 탄소 포인트 내에서 지낼 수 있는지를 도전하는 'Climatarian Challenge'라는 앱이 개발되어 있다.

온실가스는 식재료의 생산, 가공, 포장, 조리 등 다양한 과정에서 배출되지만 1차적으로는 생산과정에서 배출되며 그 생산과 출하 과정을 맡고 있는 부문이 농업이다. 클라이머테리언의 출현과 증가는 식재료의 생산, 가공에 대해 기존과는 다른 기준과 변화를 요구하고 있다. 동시에 농식품에서도 지구온난화 방지를 위한 노력과 변화하는 수요 및 사회환경에 맞춰 달라는 신호라 할 수 있다.

2
탄소발자국과 제철 농산물

탄소발자국을 생각하는 농산물 소비자가 증가하고 있다. 탄소발자국은 개인 또는 단체가 직간접적으로 발생하게 만드는 온실가스, 특히 이산화탄소의 총량을 의미한다. 여기에는 이들이 일상생활에서 사용하는 연료, 전기, 용품 등이 모두 포함된다.

소비자들의 저탄소 농산물에 관한 관심 증가는 이산화탄소 발생이 지구온난화를 촉진하는 상황에서 이상 기후, 환경 변화, 재난이 잦아들고 있기 때문이다. 우리나라에서는 소비자들의 저탄소에 대한 목소리가 아직은 미미하나 유럽 등지에서는 농산물 구매 시 탄소발자국을 따져 보고 난 뒤 구매하는 소비자가 증가함에 따라 이에 대한 생산자의 대응 필요성이 높아지고 있다.

저탄소 농산물을 추구하는 소비자들이 우선적으로 선택하고 있는 것은 제철 농산물이다. 제철 농산물은 환경부하를 낮추는

데 큰 도움이 된다. 가령 오이 1kg을 생산하는 데 필요한 에너지는 노지재배의 경우 1,000kcal 정도가 필요한 데 비해 겨울에 하우스에서 오이를 생산하려면 난방을 해야 하므로 약 5,000kcal의 에너지가 필요하다. 겨울철 오이 생산은 제철 생산에 비해 5배나 많은 에너지가 소비된다.

파프리카 또한 오이와 다르지 않다. 파프리카 1kg을 생산하려면 노지에서는 약 1,000kcal가 필요한 데 비해 하우스에서 재배하면 약 1만 kcal가 필요해 노지재배에 비해 10배 정도의 에너지가 소비된다.

이것을 기준으로 에너지를 계산해 보면 토마토 반 개(100g), 오이 반 개(50g), 피망 1개(20g)로 샐러드를 만들 경우 하우스에서 난방으로 재배하여 생산한 것과 노지에서 가꿔 생산한 것의 소요 에너지는 1,000kcal 전후의 차이가 생긴다. 1,000kcal라고 하면 3~4인분 용량의 400L 냉장고를 하루에 절반 정도 가동하는데 소요되는 에너지에 해당한다. 샐러드를 만들 때 제철 채소만 선택해도 탄소발자국을 크게 줄일 수 있게 되는 것이다.

제철 식재료(농산물)는 건강 유지에 도움이 된다. 제철인 겨울 시금치는 여름에 생산한 것과 비교해 삶은 것을 기준으로 비타민 C 함량이 3배나 더 많다. 영양가 외에도 제철 식재료는 각 계절에 맞춰 컨디션 조절에도 도움을 준다. 봄의 산나물과 머위의 쓴맛과 향기는 봄철 식욕을 개선하고 토마토와 오이 등의

제철 식재료는 탄소발자국을 줄인다.

여름 채소의 풍부한 수분은 여름철 몸의 열을 방출하게 도와 체온을 낮추는 역할을 한다.

저탄소 농산물을 추구하는 소비자들은 저탄소와 더불어 건강에 유익하다고 생각하는 제철 농산물의 소비를 늘려가고 있으나 공급 현장에서는 이에 대한 효율적인 대응을 하지 못하고 있는 실정이다.

생산자들은 보통 제철 채소를 난방으로 재배한 채소와 비교해 재배를 위한 노력과 관리, 출하 등에 신경을 적게 쓴다. 재배가 쉬우며, 비용이 적게 들고, 난방을 통한 재배 농산물에 비해 판매 가격이 저렴하기 때문이다. 그로 인해 계절적인 요인 외에 다른 생산자가 생산한 농산물과 차별이 되지 않고, 출하 시의 품질관리 소홀과 이용 방법에 대한 정보 또한 적게 제공하고 있다.

그런데 위의 경우처럼 저탄소와 건강관리 측면에서 제철 농산물에 대한 관심이 증가함에 따라 이제는 제철 농산물의 장점과 관련된 홍보 강화, 차별화와 고부가가치 방안, 출하 시 품질 관리 및 이용법 개발과 동시에 제철 농산물의 효율적인 유통경로에 의한 소득증대 방안을 마련하는 데에도 노력해야 할 때이다.

3
푸드 마일리지와 탄소발자국 그리고 로컬푸드

노르웨이산 연어, 멕시코산 아보카도, 브라질산 닭고기, 미국산 오렌지. 우리가 평소 무심코 구매하고 먹는 음식 중에는 지구 반대편에서 생산된 것도 많다. 이들 식품처럼 푸드 마일리지(식

지역에서 생산한 농축산물을 지역에서 이용하면
수송 거리가 줄어들어 탄소발자국을 줄일 수 있다.

품 수송에 소요되는 거리)가 높은 것들은 그만큼 연료 소모가 많아 이산화탄소 배출도 많이 된다.

이산화탄소는 개인 또는 기업, 국가 등의 단체가 활동이나 상품을 생산하고 소비하는 전체 과정을 통해 발생된다. 이것은 지구온난화와 그에 따른 이상 기후, 환경 변화 등의 원인 중 하나로 제시되고 있는데 발자국처럼 흔적을 남기기 때문에 발생한 이산화탄소의 총량을 탄소발자국이라고 한다.

최근 지구온난화가 빠르게 진행됨에 따라 지구촌 차원에서 그러한 주범인 탄소발자국을 줄이기 위한 다양한 노력을 기울이고 있다. 농산물 분야도 재배 생산에서부터 유통, 포장, 가공에 이르기까지 탄소발자국을 줄이기 위한 방안들이 제시되고 이에 적극적으로 참여하는 기업들도 증가하고 있다.

미국의 유기농식품 체인 내추럴 그로서Natural Grocers 또한 탄소발자국을 줄이는 데 동참하고 있다. 내추럴 그로서는 탄소발자국을 줄이기 위한 방안의 하나로 2021년 7월 7일 미국 콜로라도 레이크우드의 그린마운틴Green Mountain 매장 주차장에 수경 재배 시설 GardenBox™를 선보였다◆.

GardenBox™는 대도시의 마천루와 수송용 컨테이너 및 사용하지 않는 창고 등의 벽면을 이용하여 수직으로 농작물을 생산

◆ 출처: www.prnewswire.com

할 수 있는 시스템을 말한다. 종자는 유기 친화적인 토탄과 코코넛 껍질에서 발아하는데 발아한 농작물은 수직의 공간 절약형 시스템으로 옮겨지며 물은 야외 농업 방식보다 훨씬 적은 양이 사용된다. 영양이 풍부한 물은 성장 과정 전반에 걸쳐 뿌리를 가로질러 흐르며 필요에 따라 그 양을 조정할 수도 있다◆.

GardenBox™는 주거지 근처나 쇼핑몰 근처에 설치해 운영함으로써 푸드 마일리지를 줄일 수 있고 소비자들은 신선하고 맛있는 것을 생산지에서 구입 가능한 이점이 있다. 그린마운틴 매장에 설치한 내추럴 그로서의 GardenBox™는 수송용 컨테이너처럼 보이는 유기농 채소 재배시설로 그린마운틴 매장을 방문한 쇼핑객과의 거리는 82걸음이다. 항공권 마일리지와 달리 푸드 마일리지는 숫자가 낮을수록 좋다는 점에서 그린마운틴 매장 주차장에 설치한 GardenBox™는 화제에 올랐다.

우리나라도 스마트팜 기술의 수준이 높아 내추럴 그로서의 GardenBox™와 같은 시설을 대형마트 주차장에 설치해 채소를 판매하여 푸드 마일리지는 낮추고 소비자들에게 신선한 먹거리를 판매하는 것도 어렵지 않은 시대가 되었다. 각 지역에는 각 지역에서 생산한 농산물을 판매하는 로컬푸드 매장이 있다. 이것 또한 푸드 마일리지가 낮아 탄소발자국을 줄인 것이며 신

◆ 출처: www.NaturalGrocers.com

선하고 맛있는 농산물을 소비자들에게 제공하고 있다.

소비자들은 로컬푸드 매장 등 지역에서 생산된 것만 이용한다해도 농산물의 수송 거리가 줄어들어 탄소발자국도 줄일 수 있는 환경이 되었다. 다만 소비자들이 로컬푸드 매장 등 지역에서 생산된 것의 이용을 증가시키려면 좋은 품질의 농산물 제공과 함께 구색도 중요하다.

농가에서는 이점을 염두해 두고 안전한 먹을거리, 신선한 먹을거리, 구색이 갖춰진 먹을거리를 생산하여 로컬푸드 매장 등을 통해 지역 소비자들에게 제공해야 한다. 이러한 과정은 푸드마일리지와 탄소발자국을 줄이는 일이 되기도 하지만 결과적으로는 소득 창출에도 도움이 되는 시대이기 때문이다.

4
탄소중립 인증 치킨과 버거 출시의 시사점

뉴질랜드에서는 WAITOA 상표가 붙은 닭고기가 다른 닭고기보다 비싼 가격에 판매되고 있다. 보통 닭고기는 케이지 사육Cage Housing 등 좁은 곳에 가두어 놓고 빨리 자라게 사육한 닭으로 기름기가 많은 편이다. WAITOA 상표가 붙은 닭고기의 닭은 방목해서 키우는 것들로 동물복지 닭이다.

WAITOA 상표의 닭을 생산하는 회사 잉햄Inghams에서는 최근 탄소중립 인증 치킨을 출시했다. 탄소중립 인증은 탄소 인증 전문기관인 토이투Toitū Envirocare로부터 받았다.

토이투에 의하면 2020년 6월 말까지 WAITOA의 닭 제품에서 배출되는 이산화탄소 환산 배출량은 1kg당 1차 가공 시 3.06kg, 2차 가공 시 3.54kg이었다고 한다.

잉햄에서는 토이투의 자료를 바탕으로 탄소 배출량을 줄이기 위해 관리 계획과 목표를 설정했다. 토이투에서의 제품 인증은 '요람에서 무덤까지'이다. 즉, 달걀에서부터 닭의 사육, 출하, 운송, 냉장, 요리, 포장, 음식물 쓰레기까지 조사하고, 그 과정에서 배출되는 탄소량을 산출하고 그것을 바탕으로 인증을 한다.

따라서 잉햄에서는 닭의 생산에서 음식물 쓰레기 배출까지 각각의 과정에서 배출되는 탄소량을 바탕으로 감축 목표를 세우고 그것을 실천하기 위해 실행에 옮기고 있다. WAITOA 상표 닭의 포장은 현재 90% 이상이 재사용 및 재활용 가능하거나 퇴비화할 수 있는 것들인데 2025년까지 100%를 목표로 하고 있다.

WAITOA 상표가 붙은 닭고기는 현재 탄소중립 인증 치킨을 판매하고 있으나 닭의 사육에서 출하까지 모든 과정이 자체적으로 탄소 제로를 이룬 것은 아니다. 탄소중립 인증기관인 토이투에서 조사한 닭 1kg당 이산화탄소 환산 배출량과 WAITOA 상표 닭의 연간 판매량을 토이투에 제공하여 연간 총 이산화탄소 환산 배출량을 산출한 후 감축하지 못한 것은 탄소 크레딧을 구입해 탄소발자국을 상쇄하고 있다.

영국의 패스트푸드 체인 레온LEON 또한 세계 최초로 탄소중립 버거를 출시했다. 레온은 Climate Partner와 제휴하여 레온이 판매하는 각종 버거의 이산화탄소 배출량을 계측해 왔다. 그 자료를 바탕으로 탄소 배출량을 감축하기 위해 버거 재료는 대부분 영국산을 사용하고 전기는 2020년 10월부터 100% 재생

에너지 전력을 사용하고 있다. 소고기는 이산화탄소 배출량이 낮은 것을 사용하고 있으며 대체고기 또한 적극적으로 사용하고 있다.

레온은 탄소 배출량을 최대한 감축하기 위한 노력을 계속하고 있으며 그럼에도 배출되는 탄소에 대해서는 레온에서 판매한 햄버거 세트의 총량에 따라 탄소 크레딧을 구입해 탄소발자국을 상쇄하고 있다. 탄소 크레딧은 주로 페루, 니카라과, 영국의 숲 프로젝트를 통해 탄소를 상쇄하고 있다.

위에 소개한 탄소중립 치킨과 버거 외에 소고기, 돼지고기 등 잇따라 다양한 탄소중립 농산물이 생산되면서 유통이 증가하고 있다. 그러한 농산물의 탄소중립 구조는 '자체적으로 감축 + 탄소 크레딧 구입에 의한 상쇄 = 탄소 제로'이다. 탄소중립을 위한 비용이 추가되고는 있으나 생산성이 그만큼 높아지기 때문에 시행하고 있는 것이다.

이러한 사례는 탄소중립 농산물, 탄소상쇄 시장과 탄소 관련 농업의 수요가 증가하고 선택의 범위가 넓어지고 있음을 나타낸다. 동시에 온실가스 감축에 기여하면서 농가에도 유리한 방향으로 활용할 수 있는 기회가 많아지고 있음을 시사한다.

5
저탄소와 친환경 농산물에서 블록체인의 활용

최근 유럽에서는 윤리적인 농업이 빠르게 확산하고 있다. 우리나라에서도 윤리적인 생산과 소비라는 진보한 이니셔티브에 공감하고 정부가 지정한 유기농 기준보다 훨씬 엄격한 관리하에 작물을 생산하는 농가도 생겨나고 있다.

이들 농가 중에는 윤리적인 철학을 갖고 엄격한 관리하에 유기농 재배 농산물을 생산하고 있으나 시장에 출하하면 비유기농 농산물보다 외관적인 품질이 떨어지기 쉽고 우수성의 차별화가 뚜렷하지 않아 유기농 노력에 대한 대가를 제대로 보상받지 못하는 경우가 많다.

유기농에 따른 단위 면적당 생산량 저하를 높은 가격으로 보상받지 못하게 되면 유기농 증가를 기대하기 어려워진다. 윤리적인 재배를 제대로 알리고 그에 따른 정당한 보상에 의한 재배

면적과 생산의 확대를 이끌어 내야 한다. 저탄소 농산물과 윤리적인 소비를 추구하는 소비자들에게 효율적인 정보제공이라는 측면에서 윤리적인 생산철학이 가치로 환산될 수 있도록 만드는 기반 조성 또한 시급하다.

현재 저탄소 농축산물과 유기농 인증 기준을 통과하면 인증을 받을 수 있다. 저탄소 농축산물과 유기농 농산물의 판로는 전문 유통경로를 통하거나 농가가 개별적으로 홍보 노력을 하고 있으나 효율성이 낮은 경우가 많다. 따라서 새로운 홍보 방법, 소비자들에게 저탄소 농축산물과 유기농을 효율적으로 알리는 도구가 필요한데 블록체인이 그 대안이 될 수 있다.

블록체인Blockchain은 분산 컴퓨팅 기술 기반의 데이터 위변조 방지 기술이다. 보통 비트코인과 같은 가상 화폐를 생산하는 기술로 많이 알려져 있는데 블록(Block)을 잇따라 연결(Chain)한 모음이다. 쉽게 말하자면 수많은 기록을 그냥 한 묶음으로 만들어 버리는 기술이다.

블록체인은 중앙 집중화가 아닌 '개인 간 거래P2P' 방식으로 소규모 데이터들이 체인 형태로 무수히 연결되어 형성된 블록이라는 분산 데이터 저장 환경에 관리 대상 데이터를 저장하는 것으로 정보를 임의로 변경할 수 없고 누구나 변경한 결과를 열람할 수 있게끔 만들어진 기술이다.

블록체인의 이러한 추적성은 저탄소와 유기농 재배, 생산과정을 블록체인에 기록하면 소비자는 스마트폰으로 농산물 포장지에 표시된 QR 코드를 읽고 농산물의 이력을 추적할 수 있게 된다. 농산물의 이력은 파종, 재배 과정뿐만 아니라 운송 중 환경 및 조리 공정을 블록체인에 기록하면 소비자들은 종자의 파종에서 식탁으로 이송될 때까지의 이력을 알 수 있게 된다.

블록체인의 이러한 특성은 친환경 재배를 위한 노력, 윤리적 생산과 유통의 노력과 철학을 소비자들에게 효과적으로 전달할 수 있고 농산물의 부가가치를 개선하는 데도 도움이 될 수 있음을 시사한다. 그런 점에서 저탄소와 친환경 재배 농산물의 유통에 대한 노력 못지않게 그 노력 또한 제대로 알려 가격에 반영될 수 있도록 해야 한다.

6

전통음식, 탄소발자국 생각해야

남도음식 문화큰잔치 등 매년 각지에서 개최하는 전통음식 행사에서는 음식 경연대회, 시연, 농특산물 판매장터, 식자재관, 음식 판매장터, 문화예술 공연 등 다양한 볼거리, 즐길거리, 먹거리가 함께 펼쳐진다.

남도음식 문화큰잔치의 경우 남도를 대표하는 음식을 알리고 보급하는 차원에서의 의미를 가지면서 전남의 농업과도 밀접한 관련이 있다. 남도음식은 대부분이 남도에서 생산한 농산물과 수산물이 남도의 환경적 특성 및 풍습과 어울리면서 개발, 이용 및 발전된 것들로 남도 농산물의 소비 방법에도 기여하고 있다.

전남 각지에서 발전한 남도음식은 음식을 통해 지역을 특성화하고 있으나 그 음식을 소비하는 지역 인구의 감소와 서구 음식의 보급에 따라 위기에 놓여있는 것들 또한 많다. 대표적인 것이

구례, 광양, 순천 지역의 고들빼기, 산초 등을 넣은 김장김치이다. 고들빼기 등 고유 음식의 소비자 감소는 지역 특성의 희석뿐만 아니라 고들빼기 등 지역 특산 농작물의 판로에도 악영향을 미친다.

이는 남도 전통음식의 쇠퇴가 곧 남도의 식문화에 의존한 고유 농산물의 소비감소를 의미하는 것이다. 그러므로 남도음식의 소비자를 늘리고 그 소비문화에 의존한 남도 농산물의 소비를 증가하게 만들어 결국에는 재배 노하우가 축적된 지역 농산물의 소비 촉진으로 소득을 증대시켜야 한다. 그것은 고유 음식과 그것에 소요되는 농특산물에 의해 지역을 개성 있게 만들고 관광 활성화와 지역의 산업구조를 견고하게 만드는 한 방법이 된다.

남도음식 문화큰잔치는 이러한 배경에서 중요하며 전남 농업과 떼어놓고 생각할 수 없으며 소비자를 확대시키는 계기가 되어야 한다. 남도 전통음식의 소비자를 확대시키는 방법은 결코 쉽지 않다. 전통음식을 지나치게 대중화하면 전통음식의 전통성과 개성이 없어지고, 전통을 지나치게 강조하면 소비자가 소수의 매니아 층으로 한정되기 때문이다.

남도음식의 전통을 지키면서도 대중화를 위해서는 우선적으로 남도음식에 사용하는 재료, 유래, 특성 등 본질을 명확히 한 다음 남도음식 문화큰잔치와 같은 행사를 통해 소비자 접근성을 높여야 한다. 많은 사람에게 맛을 보게 하고, 그 맛과 궁합이 맞는 사람들을 많이 발굴하여 소비자로 전환해 일정 규모의 소비자층을 확보해야 한다.

동시에 시대적 요구사항을 충족시키는 일도 외면해서는 안 된다. 현재 모든 산업 분야에서 중요시 다뤄지고 있는 키워드는 탄소발자국이다. 식단과 음식 선택이 '탄소발자국'에 중대한 영향을 미친다는 소비자 인식이 높아지고 있는 지금 이때 탄소발자국 또한 음식 선택의 기준으로 변하고 있다.

따라서 남도음식 또한 소비자 접근성을 높이려면 그 본질을 크게 벗어나지 않는 범위에서 재료의 선택, 조리 방법, 용기, 포장 등 각 과정과 분야에서 탄소발자국을 줄여야 한다. 마찬가지로 우리 전통음식이 시대에 발맞춰 살아남고 전승되려면 먼저 제조 과정에서 탄소발자국을 줄이고 투명해져야 한다.

7
유기농 넘어 탄소중립 레스토랑 증가

탄소중립 레스토랑이 증가하고 있다. 레스토랑에서 사용하는 음식 소재와 운영 시스템은 탄소중립 추구와 함께 탄소중립 농법으로 생산한 농산물을 전문적으로 활용하는 곳들이다.

유엔에 따르면 식품 부문은 세계 총 에너지 소비량의 약 30%, 총 온실가스 배출량의 약 22%를 차지한다. 식품 재료를 구입하고 조리하는 레스토랑 등에서 탄소발자국을 줄이기 위한 노력은 온실가스 배출량 감소에 큰 영향을 미칠 수 있음을 의미한다.

식품에서 온실가스 배출의 가장 큰 주범은 음식물 쓰레기다. 현재 전 세계적으로 생산되는 모든 식품의 약 3분의 1이 쓰레기 매립지나 소각장으로 보내지고 있다. 음식물을 썩게 하거나 태울 때 많은 에너지가 필요하고 이산화탄소보다 훨씬 더 유독한 온실가스인 메탄도 생성한다. 유엔에 의하면 세계가 식량 낭비를 줄이면 탄소 배출량을 11%까지 줄일 수 있다고 한다. 음식물 쓰레기를 덜 남길수록 전체 음식물 탄소발자국을 줄이게 되는 것이다.

미국 오리건주 포틀랜드에 기반을 둔 서스테이너블 레스토랑 그룹Sustainable Restaurant Group은 버려질 식품 재료만을 이용한 메뉴를 도입해 퇴비화되는 농산물 주문량을 25%에서 6%로 줄였다.

영국 런던 쏘머셋 하우스Somerset House에 기반을 둔 고급 레스토랑 스프링Spring은 먼 곳에서 생산한 이국적인 재료가 아닌 지역에서 계절에 맞춰 생산한 농산물을 사용해 만든 제철 메뉴로 유명하다. 재료를 보관할 때도 랩 등의 필름을 사용하지 않고 뚜껑이 있는 세라믹 용기를 사용하고 있다.

런던에 기반을 둔 레스토랑 그룹 와하카Wahaca는 2016년 카본뉴트럴 프로토콜CarbonNeutral Protocol을 준수하는 영국 최초의 탄소중립 레스토랑이다. 와하카에서는 냉장고에서 발생한 열에너지

영국 최초의 탄소중립 레스토랑 와하카

출처: www.wahaca.co.uk

를 사용하여 레스토랑의 온수를 가열하고 탄소상쇄와 같은 독특한 방식으로 탄소 배출량을 줄이고 있다.

영국에 기반을 둔 난도Nando's는 2021년에 2030년까지 직접적인 탄소 배출량 제로를 달성하고 음식의 탄소발자국을 50% 정도 줄이겠다고 약속했다. 이것은 이미 2015년 이후 음식 탄소발자국을 평균 40% 줄인 뒤 나온 공약이다. 난도에서는 자국 내에서 제철에 탄소 배출을 줄여 생산한 식재료를 구입해 이용하는 것으로 탄소 배출량을 줄이고 있다.

지역사회를 육성하는 일 외에 레스토랑이 환경에 미치는 영향을 줄이기 위해 최선을 다하는 비영리 단체 ZFPZero FoodPrint는 레스토랑과 협력하여 식재료, 에너지 사용, 운송 및 폐기물에서 발생하는 모든 온실가스 배출량을 계산한 다음 배출량을 줄이거나 완전히 상쇄하는 솔루션을 제공한다.

ZFP의 연구 결과에 따르면 레스토랑에서 1인분의 음식을 만들 때마다 평균 8kg의 이산화탄소가 배출되는데 그중 70%가 재료 생산 과정에서 발생한다고 한다. 결국 탄소중립 레스토랑에서 가장 큰 비중을 차지하는 것은 탄소 저감 식재이다. 그렇기에 늘어나고 있는 탄소중립 레스토랑에서는 우선적으로 탄소 배출량을 줄이거나 상쇄해서 생산한 농산물을 이용하고 이를 강조하고 있다.

탄소 배출량을 줄이거나 상쇄해 재배한 농산물은 외국의 사례이긴 하지만 이처럼 탄소중립 레스토랑, 탄소농업 매장 등에서 환경을 보호하는 차별화된 농산물로 지위를 확보해 가고 있다.

탄소중립 농산물의 판매자 측에서도 환경보호에 기여하는 것과 함께 차별화된 마케팅 자료로 활용함에 따라 앞으로도 탄소중립 농산물은 판로 및 수요 증가가 기대되고 있다.

8
지역 카페를 활용한 저탄소 농특산물 판매

농산물 유통 경로가 다양해지고 있다. 최근에는 농특산물 주산지 근처의 카페에서도 특산물을 판매하는 곳들이 생겨남에 따라 여행길에 커피 한잔을 마시러 들어간 카페에서 지역 농특산물을 사는 재미도 느낄 수 있게 되었다. 지역 농특산물을 판매하는 카페들은 농특산물 판매에 의한 수익보다도 지역의 농민들이 소량 생산한 것들을 팔아주기 위한 착한 행동이 계기가 된 곳들이 많다.

카페에서 농특산물을 판매하게 된 계기가 무엇이든 간에 카페에서 만난 농특산물과 농특산물을 판매하는 카페가 색다름으로 느껴지는 경우가 많다. 그 때문에 일부 블로그나 SNS 등에는 그러한 곳이 이색카페 등으로 소개되기도 한다. 즉, 카페에서 농특산물을 판매하는 것 자체가 차별화되고 홍보 효과를 가지게 되는 것이다.

제주도 여행길에 지역의 고령자 농민이 생산한 농산물의 판매와 함께 감귤 수확 체험 농장을 소개해 주고 있는 카페를 방문한 적이 있다. 카페 주인 부부는 서울 출신이지만 카페를 개업한 후 지역 농민들의 농산물 판매와 감귤 수확 체험 농장 소개, 지역 공예작가의 작품 판매를 통해 지역 사람들과 친분을 쌓아 그 지역 사람처럼 동화되어 있었으며 그것이 카페의 운영에도 도움이 된다고 했다.

이처럼 지역 카페는 지역 농특산물을 판매하는 것과 함께 지역민들과 협력해 지역 살리기에 기여할 수 있으나 지자체 또는 특산물 생산자 조합 등이 지역의 여러 카페와 특산물의 생산 시기 또는 저탄소 농산물의 판매와 관련해 전략적으로 컬래버레이션Collaboration 하는 사례는 거의 없다. 그러므로 앞으로는 카페와 지자체 또는 특산물 생산자 조합의 컬래버레이션을 먼저 실시하는 곳은 카페의 매출 증진, 농특산물의 판매촉진과 함께 이 모델의 시행에 따른 선점 효과를 누릴 수 있을 것으로 생각된다.

컬래버레이션 방법은 아이디어에 따라 다양하게 진행할 수 있을 것이다. 쉬운 방법으로는 담양의 경우 탄소 농법으로 생산한 저탄소 브랜드 딸기의 특정 생산 시기에 가공품을 여러 카페에서 한정 기간에 동시 판매하고 지자체나 생산자 조합 등에서는 행사와 함께 이벤트에 참여한 카페를 소개하여 소비자들이 찾을 수 있도록 만드는 것이다.

물론 이 이벤트를 실시하려면 준비를 철저히 해야 한다. 지자체나 농협, 생산자 조합 등에서는 카페에서 판매할 수 있는 저탄소 농법으로 재배한 딸기를 확보해야 하고, 딸기 상품의 레시피를 개발해야 하며, 이벤트 기간 동안 상품 판매에 동참할 카페를 모집해야 한다. 그다음에는 개발한 딸기 상품을 참여 카페에서 제조할 수 있도록 레시피 공개와 함께 교육을 실시해야 하며 재료의 수급에 문제가 없도록 해야 한다.

이벤트 준비는 딸기의 판매, 저탄소 딸기의 홍보, 카페의 소득 증대와 함께 지역 관광지와도 연계를 시켜야 하며 카페를 방문하기 위해 담양을 방문한 소비자들이 딸기를 구입할 수 있도록 농장과 판매처에서 준비한 것과 함께 정보를 제공해야 한다.

그다음 딸기 상품을 판매하는 카페, 딸기 수확 체험을 할 수 있는 농장, 딸기를 저렴하게 살 수 있는 농장이나 판매처, 주요 관광지를 지도상에 표시하여 패키지를 상품화하고 적극적으로 홍보해야 한다. 지자체나 해당 단체에서는 홍보와 함께 참여하는 카페에서도 최소한 행사 1개월 전부터 행사 포스터 부착, SNS 등을 통해 이벤트를 적극적으로 알려야 한다.

이렇게 농민, 카페, 지자체와 관련 단체가 컬래버레이션을 효과적으로 하게 되면 저탄소 농산물 판매촉진과 홍보, 카페의 홍보와 매출확대, 지자체의 관광객 증가에 의한 지역 살리기라는 1석 3조의 효과를 기대할 수 있다. 관광지를 중심으로 카페가 많은 지자체, 이벤트에 활용하기 좋은 특산물 및 저탄소 농산물을 보유하고 있는 지자체는 지역의 카페를 농특산물과 지역을 살리는 자원으로 활용하는 것이 가능하다.

농민과 지역의 카페, 지자체가 연대를 하면
저탄소 농축산물을 효과적으로 홍보 및 판매할 수 있다.

부록

참고 및 인용 자료

지구온난화와 지속 가능한 농업

1. 탄소 농업이란?

▸ **참고 자료**

- https://en.wikipedia.org/wiki/Carbon_farming
  (Carbon farming)
- https://www.greenamerica.org/food-climate/what-carbon-farming
  (What is Carbon Farming?)
- https://ec.europa.eu/clima/eu-action/forests-and-agriculture/sustainable-carbon-cycles/carbon-farming_en
  (Carbon Farming-European Union)

3. 자연과 농토, 손자에게 빌린 것이다

● **인용 자료**

- Jody Heemstra. Vilsack urges unity in message at the G-20 Open Forum on Sustainable Agriculture Environmental Sustainability Panel. DRGNews Sep 17. 2021.

5. 기후변화에 대한 인식과 농산물의 대응

● **인용 자료**

- Rachel Ramirez. Most in the developed world think the US is doing a bad job on climate, Pew poll finds. CNN. September 14, 2021.

6. 탄소 배출과 저장이라는 기로에 선 농업

■ 참고 문헌

- 朱衍臻, 李宗翰, 楊志維, 黃文達. 永續農業對土壤有機碳庫的影響. 中華民國雜草學會會刊 39(1):85-96. 2018.

9. 리제너러티브 농업, 환경 재생형 농업

▸ 참고 자료

- https://www.foodnavigator.com/Article/2021/12/16/EC-developing-certification-to-boost-carbon-farming-but-how-should-it-be-defined
- https://smartagri-jp.com/food/3028
- https://www.patagoniaprovisions.jp/pages/why-regenerative-organic
- https://www.patagonia.jp/regenerative-organic
- https://regenorganic.org
- https://www.utopiaagriculture.com

10. 환경 재생형 농업 지지 기업의 증가

▸ 참고 자료

- https://ideasforgood.jp/2020/07/22/christy-dawn
- https://ideasforgood.jp/2021/06/10/fincalunanuevalodge
- https://www.vogue.com/article/regenerative-agriculture-sustainable-fashion-christy-dawn-fibershed
- https://www.greenbiz.com/article/regenerative-agriculture-wont-solve-fashion-industrys-pollution-problems

농업에서 배출되는 온실가스

3. 농업 온실가스 감축, 메탄에 달려있다

■ 참고 문헌

- Marielle Saunois et al. The Global Methane Budget 2000-2017. Earth Syst. Sci. Data, 12(3):1561-1623. 2020.

5. 제2의 농업 온실가스, 아산화질소

▸ 참고 자료

- Akshit Sangomla. Nitrous oxide human emissions increased 30% in 36 yrs: Report. Climate Change. 2020.10.09.
- Hanqin Tian et al. A comprehensive quantification of global nitrous oxide sources and sinks. Nature 586:248-256. 2020.
- 国立研究開発法人 新エネルギー・産業技術総合開発機構技術戦略研究センターTSC. 温室効果ガスN_2Oの抑制分野の技術戦略策定に向けて. 技術戦略研究センターレポート105:4-10. 2021.

온실가스와 지속 가능한 농업 관련 용어

3. 탄소 가격제

■ 참고 문헌

- https://www.iea.org/reports/world-energy-model/macro-drivers

• Florens Flues & Kurt van Dender. Carbon Pricing Design: Effectiveness, efficiency and feasibility. OECD Taxation Working Papers No. 48. 2020.
• The Word Bank Group. State and Trends of Carbon Pricing 2021. (https://openknowledge.worldbank.org/handle/10986/35620)
• 若松勇. 世界で導入が進むカーボンプライシング炭素税, 排出量取引制度の現状. 独立行政法人日本貿易振興機構. 2021. (https://www.jetro.go.jp 〉 biz 〉 areareports 〉 specia)

4. 탄소상쇄와 탄소 크레딧

▸ 참고 자료

• 日本經濟産業省. カーボン・クレジットに係る論点. 日本經濟産業省. 2021.
• 日本農林水産省. カーボン・オフセット. 日本農林水産省. 2021.

5. 온실가스 배출권 거래제

▸ 참고 자료

• 한국환경공단 (https://www.keco.or.kr/kr/business/climate/contentsid/1520/index.do)

7. 온실가스의 사회적 비용

▸ 참고 자료

• Gernot Wagner et al. Eight priorities for calculating the social cost of carbon. Nature 590:548-550. 2021.
• James Broughel. What is vs. what should be in climate policy: The

hidden value judgments underlying the social cost of carbon. Mercatus Center. 2021.

• 温室効果ガスの社会的費用-JIRCAS
(https://www.jircas.go.jp/ja/program/program_d/blog/20210301)

8. 농업 온실가스와 COP

▸ **참고 자료**

• https://ukcop26.org/cop26-goals
• https://unfccc.int/news/un-climate-change-negotiations-and-making-effective-progress-at-the-june-session

온실가스 배출 감축과 이산화탄소의 유효 활용

1. 이산화탄소 흡수원으로 주목받는 농지

▸ **참고 자료**

• https://ec.europa.eu/clima/eu-action/forests-and-agriculture/sustainable-carbon-cycles/carbon-farming_en
(Carbon Farming-European Union)
• 野崎由紀子. 潜在的なCO_2吸収源として注目される農地. 三井物産戦略研究所 4:1-6. 2021.

2. 논 토양에서 메탄 발생과 억제

★ 인용 문헌

- Yuan, W.L., C.G. Cao, C.F. Cheng, M. Zhan, M.L. Cai, and J.P. Wang. Methane and nitrous oxide emissions from rice-fish and rice-duck complex ecosystems and the evaluation of their economic significance. Scientia Agricultura Sinica 42(6):2052-2060. 2009.
- Chun Wang, Derrick Y.F.Lai, Jordi Sardans, Weiqi Wang, Congsheng Zeng, Josep Peñuelas. Factors related with CH4 and N_2O emissions from a paddy field: Clues for management implications. DOI:10.1371/journal. pone. 0169254. 2017.
- Wang M, C. Wang, X. Lan, A.A. Abid X. Xu, A. Singla, J. Sardans, J. Llusiá, J. Peñuelas, and W. Wang. Coupled steel slag and biochar amendment correlated with higher methanotrophic abundance and lower CH4 emission in subtropical paddies. Environ Geochem Health 42(2):483-497. 2020.
- The Fishy Fix to a Methane-Spewing Crop (https://www.wired.com/story/tiny-hungry-fish-fix-rice-global-warming-problem)

3. 가축 사료와 첨가제에 의한 메탄 발생 억제

● 인용 자료

- 農研機構. 乳用牛の胃から゛メタン産生抑制効果が期待される新規の細菌種を発見. プレスリリース 2021.11.30.
- Shibata, M., F. Terada, M. Kurihara, T. and Nishida, K. Iwasaki. Estimation of methane production in ruminants. Anim. Sci. Technol. 64:790-796. 1993.
- reducing methane emissions from cattle using feed additives

(https://www.agric.wa.gov.au/climate-change/carbon-farming-reducing-methane-emissions-cattle-using-feed-additives).

4. 농경지에서 아산화질소 배출 과정과 억제법

▸ **참고 자료**

• 国立研究開発法人 新エネルギー・産業技術総合開発機構技術戦略研究センターTSC. 温室効果ガスN_2Oの抑制分野の技術戦略策定に向けて. 技術戦略研究センターレポート105:4-10. 2021.

• IPCC(2007): IPCC Fourth Assessment Report (AR4): Climate Change 2007, Cambridge University Press. 2007.

5. 아산화질소 억제 가축 사료와 지구에 유익한 고기

▸ **참고 자료**

• Takashi Osada, Ryozo Takada, Izuru Shinzato. Potential reduction of greenhouse gas emission from swine manure by using a low-protein diet supplemented with synthetic amino acids. Animal Feed Science and Technology 166:563-574. 2011.

• 齋藤順子, 神谷充. 肥育牛のアミノ酸バランス飼料の給与事例紹介. 令和３年度畜産環境シンポジウムの資料集. 2021.

• 農研機構. 2011. アミノ酸バランスを改善した飼料により養豚における温室効果ガス排出量を約40%削減. 農研機構のプレスリリース. 2011.12.21.

8. 논농사의 메탄과 온실가스

● **인용 자료**

• 水田からのメタン発生量(生産環境保全分野)-神奈川県

(https://www.pref.kanagawa.jp 〉 docs 〉 cnt)

9. 농가에 도움이 되는, 반추동물의 메탄 배출 억제

● 인용 자료

- Alexander N. Hristov et. al. An inhibitor persistently decreased enteric methane emission from dairy cows with no negative effect on milk production. Proceedings of the National Academy of Sciences of the United States of America 112(34):10663-10668. 2015.
- Xiaohua Li, Chong Liu, Yongxing Chen, Rongguang Shi, Zhenhua Cheng, Hongmin Dong. Effects of mineral salt supplement on enteric methane emissions, ruminal fermentation and methanogen community of lactating cows. Anim Sci. J. 88(8): 1049-1057. 2017.
- 農研機構. 乳用牛の胃から゛メタン産生抑制効果が期待される新規の細菌種を発見. プレスリリース. 2021.11.30.

10. 칼륨 억제 벼 재배는 지구온난화 대책 기술

▸ 참고 자료

- https://www.naro.go.jp/publicity_report/press/laboratory/carc/143146.html.

12. 탄소의 유효 이용기술에 의한 농작물 생산성 향상

■ 참고 문헌

- 堅田元喜. 農業におけるCO_2の有効利用(CCU)の推進. 2020. (https://cigs.canon/article/20201209_5523.html)
- Lobell, D.B., W.S. Schlenker, and J. Costa-Roberts, Climate trends and

global crop production since 1980, Science 333:616-620. 2011.

• Nederhoff, E.M. Effects of CO_2 concentration on photosynthesis, transpiration and production of greenhouse fruit vegetable crops, PhD dissertation. Wageningen, the Netherlands, 213pp. 1994.

13. 탄소 유효 이용기술, 트리제네레이션과 시설원예

■ 참고 문헌

• Zhu, C., et al. Carbon dioxide (CO_2) levels this century will alter the protein, micronutrients, and vitamin content of rice grains with potential health consequences for the poorest rice-dependent countries, Science Advances, 4, eaaq 1012. 2018.

• 堅田元喜. 農業におけるCO_2の有効利用(CCU)の推進. エレクトロヒート 234:39-43. 2020.

저탄소 인증과 탄소 배출권 거래

4. 농업 부문 온실가스 배출권 거래제 외부사업

▶ 참고 자료

• 농림축산식품부, 농업기술실용화재단. 농업 부문의 온실가스 감축사업 수행을 위한 배출권 거래제 외부사업 안내서. 농림축산식품부, 농업기술실용화재단. pp1-21. 2018.

7. 일본 야마나시현의 탄소격리 농산물 인증제

• 인용 자료

- 日本経済新聞. 山梨県' 脱炭素の農産物を認証 制度創設. 2021.05.10.
- 農業ビジネス. 山梨県がCO_2削減の農産物の認証制度を創設. 2021.05.12.

바이오숯에 의한 탄소격리와 활용

2. 탄소중립을 위한 세 가지 옵션과 바이오숯

• 인용 자료

- 温室効果ガスの減らし方 カーボンニュートラルと経済 (https://sdgs.kodansha.co.jp/news/management/39039)

5. 바이오숯과 탄소중립 담양 딸기

▸ 참고 자료

- Caroline De Tender, Bart Vandecasteele, Bruno Verstraeten, Sarah Ommeslag, Tina Kyndt and Jane Debode. Biochar-Enhanced Resistance to Botrytis cinerea in Strawberry Fruits (But Not Leaves) Is Associated With Changes in the Rhizosphere Microbiome. Front. Plant Sci., 2021.08.23. (https://doi.org/10.3389/fpls.2021.700479)
- Caroline De Tender, Annelies Haegeman, Bart Vandecasteele, Lieven Clement, Pieter Cremelie, Peter Dawyndt, Martine Maes and Jane

Debode. Dynamics in the Strawberry Rhizosphere Microbiome in Response to Biochar and Botrytis cinerea Leaf Infection. Front. Microbiol., 2016.12.22.
(https://doi.org/10.3389/fmicb.2016.02062)

6. 담양군 대나무 바이오숯과 탄소격리 죽향 딸기

▸참고 자료

• 허북구. 담양 대나무 분말과 명품 대나무 딸기. 전남인터넷신문 칼럼 2021.07.15

저탄소 농축산물 가공과 저장

1. 농업의 탄소중립 혁명, 이산화탄소로 전분 합성

● 인용 자료

• 정현관. 중국, 세계 최초로 실험실에서 전분을 합성. 길림일보. 2021. 09.25.
• TAO CAI, HONGBING SUN. JING QIAO, LEILEI ZHU et al. Cell-free chemoenzymatic starch synthesis from carbon dioxide. SCIENCE 373:1523-1527. 2021.
• Wang Qi. Chinese scientists complete starch synthesis from CO_2, revolutionary for agricultural production and promoting carbon neutrality. Global Times. 2021.09.24.

4. 미국 농무부, 친환경 농업 차원 배양육 투자

▸ **참고 자료**

• 村山俊太, 桐山真美, 古川慶人, 高橋美礼, 張智翔, 培養肉に関するテクノロジーアセスメント. 東京大学 公共政策大学院 ポリシーリサーチ・ペーパーシリーズ. pp1-105. 2021.

농축산물 포장과 탄소발자국

3. 먹을 수 있는 필름

■ **참고 문헌**

• SciDev.Net. Protective bio-shell could extend egg shelf life. 2020. 02.27.

• 近藤隆. 食べられるフィルム：健康食品とソフトカプセル. 高分子 45(6):398-399. 1996.

4. 요소 비료로 기대되는 바이오 폐플라스틱

● **인용 자료**

• 東京工業大學. プラスチックを肥料に変換するリサイクルシステムを開発—プラスチックの廃棄問題と食料問題の同時解決に向けて—. プレスリリース. 2021.10.28.

• Takumi Abe, Rikito Takashima, Takehiro Kamiya, Choon Pin Foong, Keiji Numata, Daisuke Aoki, Hideyuki Otsuka. Plastics to fertilizers: chemical recycling of a bio-based polycarbonate as a fertilizer

source. Green Chem. DOI. 2021.
(https://doi.org/10.1039/D1GC02327F)

저탄소 농축산물의 유통과 윤리적 소비

1. 클라이메테리언이 농축산 식품에 보내는 신호

▸참고 자료

• https://climatarian.jp
• https://en.wikipedia.org/wiki/Climatarian_diet
• https://www.sustainablebusinesstoolkit.com/could-you-go-climatarian

2. 탄소발자국과 제철 농산물

▸참고 자료

• https://ideasforgood.jp/2021/04/02/seasonal_produce
(https://ideasforgood.jp/2021/04/02/seasonal_produce)

4. 탄소중립 인증 치킨과 버거 출시의 시사점

▸참고 자료

• https://www.waitoafreerange.co.nz/sustainability
• https://www.retailtimes.co.uk/leon-launches-carbon-neutral-burger-fries-in-support-of-their-commitment-to-reach-net-zero-by-2030

7. 유기농 넘어 탄소중립 레스토랑 증가

★ 인용 문헌

- The carbon neutral restaurant: a pipedream or an inevitability? (https://blog.gotenzo.com)
- Sally Ho. This New 'Zero Foodprint' Dish At Just Salad Helps to Boost Regenerative Farming. Green Queen. 2021.07.04.
- Carbon Free Dining-Zero-Cost Restaurant Sustainability. (https://carbonfreedining.org)
- Why carbon neutral restaurants are the future of dining out. (https://www.telegraph.co.uk 〉 food-and-drink 〉 features)

중 앙 생 활 사 Joongang Life Publishing Co.
중앙경제평론사 | 중앙에듀북스 Joongang Economy Publishing Co./Joongang Edubooks Publishing Co.

중앙생활사는 건강한 생활, 행복한 삶을 일군다는 신념 아래 설립된 건강 · 실용서 전문 출판사로서
치열한 생존경쟁에 심신이 지친 현대인에게 건강과 생활의 지혜를 주는 책을 발간하고 있습니다.

미래를 바꾸는 **탄소 농업**
〈세종도서〉 '교양부문' 선정도서!

초판 1쇄 발행 | 2022년 6월 20일
초판 2쇄 발행 | 2024년 1월 10일

지은이 | 허북구(BukGu Heo)
펴낸이 | 최점옥(JeomOg Choi)
펴낸곳 | 중앙생활사(Joongang Life Publishing Co.)

대　　표 | 김용주
기　　획 | 백재운
책임편집 | 정은아
본문디자인 | 박근영

출력 | 케이피알　종이 | 에이엔페이퍼　인쇄 | 케이피알　제본 | 은정제책사

잘못된 책은 구입한 서점에서 교환해드립니다.
가격은 표지 뒷면에 있습니다.

ISBN 978-89-6141-293-3(03520)

등록 | 1999년 1월 16일 제2-2730호
주소 | ㊌ 04590 서울시 중구 다산로20길 5(신당4동 340-128) 중앙빌딩
전화 | (02)2253-4463(代)　팩스 | (02)2253-7988
홈페이지 | www.japub.co.kr　블로그 | http://blog.naver.com/japub
네이버 스마트스토어 | https://smartstore.naver.com/jaub　이메일 | japub@naver.com
♣ 중앙생활사는 중앙경제평론사 · 중앙에듀북스와 자매회사입니다.